写给中小学生的

法布尔昆虫记

第 **9** 卷
黑盒子里的生命

（法）法布尔（Fabre，J.H.） 著

余继山 编译

上海科学普及出版社

图书在版编目（CIP）数据

写给中小学生的法布尔昆虫记.第九卷，黑盒子里的生命 /（法）法布尔
（Fabre，J.H.）著；余继山编译.—上海：上海科学普及出版社，2017.5

ISBN 978-7-5427-6842-1

Ⅰ.①写… Ⅱ.①余… Ⅲ.①昆虫学—少儿读物 Ⅳ.① Q96-49

中国版本图书馆 CIP 数据核字 (2016) 第 257793 号

责任编辑　刘湘雯

写给中小学生的法布尔昆虫记

第九卷　黑盒子里的生命

（法）法布尔（Fabre，J.H.）著

余继山 编译

上海科学普及出版社出版发行

（上海中山北路 832 号 邮编 200070）

http://www.pspsh.com

各地新华书店经销　三河市同力彩印有限公司

开本 787×1092 1/16 印张 11.25 字数 210 000

2017 年 5 月第 1 版　2017 年 5 月第 1 次印刷

ISBN 978-7-5427-6842-1　定价：28.00 元

前　言

　　《昆虫记》是法国著名昆虫学家、科普作家法布尔的代表作。法布尔从小就对自然界和昆虫世界表现出了浓厚的兴趣，立志做一个为昆虫写历史的人。他经过20多年的观察研究和资料搜集，将昆虫的专业知识与人文情怀结合在一起，最终写成了昆虫的史诗《昆虫记》。

　　《昆虫记》全书共分为10卷，概括性地阐述了各类昆虫的种类、特征、生活习性及生殖繁衍情况。书中，作者将自己的人生经历与纷繁复杂的昆虫世界联系在一起，用清新自然、诙谐幽默的语调，向读者讲述了一个又一个关于昆虫的故事，内容不仅包含丰富的知识性，并且极具趣味，是一部不可多得的长篇科普文学巨著。

　　法布尔在描述昆虫时，常常用人性的眼光去看待它们，评判它们，内容充满着哲学意味的思考，字里行间透露出对生命的尊重与热爱。作者在讲述昆虫筑巢、觅食、工作、交配、生殖繁衍等生命活动时，常常浸透着人性的思考。通过阅读这套书，小读者不仅可以读到一个妙趣横生的昆虫世界，而且能通过对这些现象的了解，探究到昆虫背后的秘密，解开一个又一个有关昆虫的谜团。

　　本套丛书是专门为中小学生打造的，在充分尊重原著的基础上，用流畅、通俗易懂的语言向小读者们讲述了各种昆虫趣事，使小读者们能够无障碍地进行阅读。书中还配有大量精美的昆虫插图及活泼俏皮的文字解说，辅助小读者更好地理解其中的内容。现在，让我们一起走进法布尔笔下的神奇昆虫世界，去体会和了解这个不一样的，充满奥秘的世界吧。

目 录
contents

第七章
拥有囊袋的蜡衣虫

第八章
黑盒子里的生命——圣栎胭脂虫

第一章

非同寻常
的纳博讷狼蛛

昆虫档案

昆 虫 名：纳博讷狼蛛

别　　名：黑腹蜘蛛

身世背景：大多栖息在土地贫瘠的咖里哥宇常绿
矮灌木丛中，用锐利的螯牙筑巢和猎
捕食物

生活习性：天性生猛，能迅速杀死路过的猎物，
习惯在晚上劳作，爱往高处攀爬

绝　　技：有毒螯，动作灵敏，能出其不意地向
敌人发起猛烈进攻

武　　器：坚硬而锐利的螯牙

神秘的洞穴

狼蛛是我们生活中常见的一种昆虫，那么，你对这种昆虫了解多少呢？接下来，米什莱先生将为我们讲一讲他与狼蛛之间的故事：

有一段时间，我曾经在印刷学校学习印刷，当时，我就在一个设备简陋的地窖中工作。在那里，我常常能见到八条腿的蜘蛛，它们沿着窗户框爬上爬下，结网、捕食，场面好不热闹。后来，我搬到了更舒适的实验室，便将这些蜘蛛也移了过来。在与它们打交道的过程中，我了解到了更多关于蜘蛛的知识。

蜘蛛目的主要代表是狼蛛和圆网蜘蛛，我把它们当做实验的对象。首先，我选了纳博讷狼蛛作为第一个实验者。纳博讷狼蛛又叫黑腹蜘蛛，住在一个约一柞深的堡垒状洞穴中。它习惯垂直往下挖洞，因此整个洞穴

黑腹狼蛛在挖掘洞穴时，遇到砾石就会将它们取出来，然后扔到外面。

呈垂直状，洞口大约有普通瓶口那么大。纳博讷狼蛛十分聪明，在挖掘过程中，它们会将容易移动的小石子抛到洞外，而遇到大得搬不动的石块时，它们便会绕道而行，因此挖掘出的洞穴常常弯弯曲曲的。纳博讷狼蛛还十分凶猛，一旦发现有防御能力的猎物，它们会想方设法将其引到特定的场所杀掉。这时，弯弯曲曲的洞穴可是帮了大忙了，因为只有主人才能无比熟悉这个自己亲手开拓的场所。

狼蛛的洞穴底部很宽阔，适合休息，洞穴墙壁上则抹了一层丝浆，能防止风化的泥土不轻易落下来，与出口相邻的洞顶是丝浆涂抹最密集的区域。静悄悄的白天，狼蛛守候在洞口，一边晒太阳，一边等待着猎物的出现。为了等到猎物，它常常一动不动地待上好几个小时，直到猎物出现，才迅速扑上去，一把抓住猎物。洞壁上密集的丝浆让它的爪子有了可以抓的依靠，帮助它顺利捕获了猎物，而洞口周围分布的高低不平的护栏则增加了它的安全性。

狼蛛成年后便会定居下来，成为深居简出者。它们常常利用家门口的材料修护自己的护栏，如果材料充足，它们会将护栏建得高高的，十分牢固安全。为了让实验室中的狼蛛住得舒服，我模拟它的洞穴建造了一口垂直的井，让它住了进去。看上去，狼蛛很喜欢我为它准备的新家，住得很安稳，没有一点儿想逃走的迹象。狼蛛具有极强的排他性，因此我在每一个洞穴中只安置了一只狼蛛。如果同一个环境中住进了两只狼蛛，那么其中一只必然会将另一只当成猎物吃掉。这种情况在狼蛛的交配期尤为明显，我就曾见识过那样残酷的场景。

接下来，我们来看看狼蛛都在做些什么吧。它们没有对我提供的居所进行过多改造，只是在洞口建造了一圈石栏。我发现，它们不同于人类，喜欢在晚上工作，而且警惕性非常高，一有风吹草动便会立马钻进洞中。狼蛛的工作效率不高，总是慢吞吞地用洞口周围的石子堆着堡垒。它的堡垒糅杂着许多颜色各异的纤维和毛线，看上去五颜六色，但这也恰好证明了一点：狼蛛对颜色并没有特殊的偏好。

狼蛛会利用家门口能找到的材料来建造
洞口的围栏，使它成为洞口的堡垒。

　　狼蛛建成的堡垒十分漂亮，但由于一些材料漏在外面，没有被粘连在一起，因此看上去略显粗糙。从外面看上去，它就像一个粗布做成的套筒，凹凸不平，色彩各异。若非亲眼所见，我想没人会相信，这些彩色的建筑物是狼蛛的杰作吧。

　　如果狼蛛身处贫瘠的灌木丛，它们是无法建造如此漂亮的堡垒的，因为它使用的建筑材料都是从周围搜集来的，如果四周资源匮乏，它们就只能建造一个简单的石井栏了。

　　不过，如果材料充足，狼蛛还是更愿意将洞建得高高的。有时候，狼蛛会用一些食物残渣或者别的材料来加固丝网，以此来牢牢封住洞口，让它免受阳光的灼晒和雨水的侵袭。那些被它吃掉的可怜猎物，此时它们的残骸正静悄悄地覆盖在洞顶，这是狼蛛对吃剩下的废弃物加以利用的结果。

　　那么，狼蛛为什么要用丝网封住洞口，将自己困在家中呢？原来呀，它只是暂时隐居了而已。盛夏时分，阳光火辣辣地照射着大地，狼蛛便在洞口砌了一个凸起的隐蔽顶盖。它为什么这么做呢？是为了避免太阳光的照射吗？可这时候的狼蛛却又在顶盖处挖了个洞，从中钻了出来，正惬意地享受着火一般的太阳呢。

这个顶盖不仅可以遮阳，还有许多别的用途呢，在多雨的九月，它能遮风挡雨，让屋内的设施和主人不至于被淋湿。到了产卵的季节，为了不受打扰，狼蛛会盖上顶盖，安安静静地待在织卵袋中产卵。总而言之，在大多数时间里，不管天气是炎热还是多雨，狼蛛都会紧锁大门，可惜的是，我至今还没有弄明白它们这样做的真正原因。

虽然我还没弄明白它们为什么要锁住大门，但根据我的观察，狼蛛每天都会开关顶盖，有时候甚至一天要打开、关上好几次。封盖上覆盖着泥土，下面铺着丝网，因此十分松软。伴随着顶盖的一开一关，盖子上的泥土便会滚落下来，落到洞口四周的土地上。这样日积月累，泥土越堆越高，洞口便成了一个四周高、中间凹陷的石井了。有时，狼蛛会抽点时间来修葺一下石井，将它垒得更高些，于是这里便形成了一个堡垒，而那些被顶破的顶盖，则成了洞口处的小塔。

居无定所的狼蛛习惯围捕猎物，而安定下来的狼蛛则更喜欢守在洞口伺机而动，等待猎物的到来。无论严寒还是酷暑，它们都不辞辛苦地从地底爬出来，将头从洞口处伸出，身子依然藏在洞内，耐心地等待着路过的猎物。它们常常在洞口一待就是几个小时，岿然不动，晒足了太阳。

一旦发现猎物，狼蛛会迅速从洞口的小塔处蹿出来，猛地一刀刺中猎物的脖子，随后将它活活掐死。在将猎物拖回洞中的过程中，狼蛛的速度也十分快，让人禁不住感叹，这可真是个身手敏捷的优秀猎手啊。狼蛛捕猎的速度极快，而且十分聪明，能凭借技巧轻松地战胜猎物，极少失手，简直是百击百中。

前面我们说到，为了等候猎物，狼蛛可以等上很久，可见它十分有

耐心。在等待的过程中，它必须时刻提高警惕，直到等来猎物。狼蛛还有一个本领，它的胃具有伸缩性，能一次容纳许多食物，因此狼蛛可以一次性吃得饱饱的，然后许多天不吃东西。

狼蛛体色大多为灰色，成年狼蛛身上有着黑色的丝状物，而年轻的狼蛛则没有，它们要等到生育期后才能拥有这个成熟的标志。许多年轻的狼蛛是没有固定居所的，它们四处流浪，以围捕猎物来生存。猎物出现时，狼蛛会立马追过去，将企图隐藏起来的它们驱赶得无路可逃。要是猎物想通过飞到高处来逃跑的话，狼蛛会垂直着一跃而起，趁它们还没有飞起来就将它们逮住。看，狼蛛像不像身手矫健的运动健儿？

狼蛛年轻的时候，动作敏捷，捕猎雷厉风行，令人欣喜。可是，当它们慢慢成年，肚子里装满丝和卵后，动作就不那么敏捷了。这时，它们会告别流浪生涯，为自己找一个固定的居所，每天守候在居所旁，以捕捉路过的猎物来生活。

那么，狼蛛是什么时候开始挖洞的呢？它们会在这里度过一生吗？原来，狼蛛一般选择在寒冬时节挖洞建窝，然后长久地居住下来。

9月份，麦子成熟了，狼蛛也该结婚成家了。白天，它们依然四处游

狼蛛发现了猎物，它将头探出洞口，让肚子留在洞内，面无表情地注视着对方，随时准备发动攻击。

荡，穿梭在温暖的阳光下，在低矮的草丛中来回走动、猎食；而到了晚上，它们便要开始寻找配偶，谈情说爱了。行完结婚礼后，狼蛛会和爱人互相吞食。因此，它们宁愿挺着装满卵和丝的大肚子，甚至是带上一家人，自由地活动，也不愿老实地待在洞中，百无聊赖。

10月份，各种动物都开始安家了。这时，你会发现两种洞穴，一种直径跟瓶颈一般粗细，住着至少两年以上的老妇，另一种直径如铅笔粗细的洞穴中则住着年轻的妈妈。年轻的妈妈要经过长时间的改造，才能将洞穴修葺完善得如同长辈们那么舒适豪华。这两种洞穴中的女主人都有孩子，只不过有的孩子已经出生，有的孩子尚未出生，还在母亲的卵袋里罢了。

接下来，我们来看看狼蛛是如何挖掘洞穴的。狼蛛首先利用的挖掘工具是自己的足和爪。这些工具都很长，而空间偏偏又十分狭窄，因此操作起来相当困难。况且，狼蛛的螯牙还很细呢，能派上用场吗？一般情况下，那对锋利的螯牙隐藏在两根大柱子后面，保护有毒的匕首。两根柱子笔直地竖立着，能够控制匕首里的肌肉收缩。狼蛛一般在夜晚进行挖掘工作，作为镐头的螯牙是它主要的挖掘工具。在搬运过程中，它的足不起作用，只有嘴像独轮车一样起着作用，但也无须太过担心，毕竟，狼蛛的螯牙是非常坚硬的。

3月伊始，狼蛛想要扩建自己的住宅。动物本能的觉醒往往是有时间性的，会在需要的时候突然觉醒，随后又突然消失。我捉回了一些狼蛛，将它们放入罩着网纱的洞穴里。在这个我特意为狼蛛准备的新居里，我用芦竹做了一个洞，又放入了适量的泥沙，因而，入住的狼蛛显得很满意。这个洞穴里的居民，与大自然中的狼蛛差别不大。一段时间后，洞口处建起了一座堡垒，洞穴顶上也用丝线进行了加固，此外再无任何变化。

假如失去了住所，狼蛛会怎么样呢？我将狼蛛放在没有洞穴的泥土表面，观察它们的动向。几个星期过去了，狼蛛毫无作为，而那些无处藏

狼蛛的挖掘工作大部分在晚上进行，但是每个洞口都
会建立起坚固的堡垒，这也是必须的。

身的狼蛛，在失望中死掉了。这些狼蛛明明有挖掘洞穴的能力，为什么要待在那儿等死呢？于是，我又抓来几只年富力强的狼蛛，将它们放在那儿，想看看它们会如何做。这次，我将抓来的狼蛛分成了两拨，一拨放入刚开始挖掘的洞穴旁，另一拨则放入没有开始挖洞的沙土旁。结果是，在刚开始挖掘的洞穴旁，狼蛛卖力地工作着，没多久就建起了一座堡垒；而在完全没有开始挖掘的洞穴旁，狼蛛一动不动地待着，直到绝望而死。

这就是狼蛛的本能，它们将我挖掘的这个洞穴，当成了自己曾经挖了一半的那个，因此继续工作着，而后者则在一个完全没开始挖掘的洞前停止了工作，即使它有挖掘本领。这就是本能的限制，它们只能重复前面的工作，在面对新环境时无法重新思考。

我发现，在很多情况下，昆虫是绝不会去重复已经做完了的事情，狼蛛就用它的行为很好地证明了这一点。

纳博讷狼蛛家族

瞧，狼蛛这个笨笨的母亲可真容易满意呀，它将所有碰撞到脚后跟的东西都当成了自己的玩具，无论是已经悬挂在纺丝器上的卵袋，或是类似卵袋的软木球和线团，都能让它爱不释手。可是，这个母亲又是尽忠职守的，这不得不令人惊叹。

我们发现，不管狼蛛母亲是在惬意地爬到井口晒太阳，还是遇到危险而躲进了洞中，或者是在还未定居前四处流浪，它们都紧紧搂着自己的宝贝袋子，尽管这个袋子给它的行动带来了诸多不便。你瞧，当卵袋即将脱落时，狼蛛紧张地一跃而起，紧紧抓住它。如果有人试图夺走这个袋子，狼蛛会毫不客气地摆出一副决斗的架势，张开那令人战栗的毒牙，虎视眈眈地瞧着对方。不信的话，你大可用小镊子试一试，狼蛛一定会狠狠咬住镊子，将它使劲往旁边拉，丝毫不会畏惧你有多强大。如果你再进一步挑逗它，将它的小球弄得偏离了本来位置，它会显得非常着急，生怕小球被夺走了。接下来，狼蛛发现了被你好心归位的小球，会立马带着它飞快地逃走，但整个过程中，它始终处于高度戒备的状态，随时准备为守护袋子而与人决斗。

酷热的夏天就要过去了，我观察了许多已经安定下来的狼蛛，受益匪浅。它们年纪有大有小，有的生活在草丛中，有的生活在我的窗台边，都曾给过我许多未曾知晓的见识。清晨，太阳刚刚升起，狼蛛们就已经拖着自己的宝贝袋子，爬到洞口晒太阳来了。它们神情悠闲地躺在洞口的小塔处，安静地晒着太阳，别提有多舒服了。

还有一些没有卵袋的狼蛛，它们也正趴在洞口晒太阳呢。瞧，它们一半身子裸露在外，一半身子藏在洞中，眼睛晒着太阳，而肚子却躲在暗处，与那些拖着卵袋的狼蛛刚好相反，样子别提有多可爱了。拖着卵袋的

狼蛛用后足支撑着身体，将整个卵袋暴露在阳光下，还时不时地转动小球，以便使卵袋能全方位地沐浴到阳光。它这是在干什么呢？为什么要暴晒这个装着小生命的袋子？不怕将袋子里的小生命晒伤吗？原来呀，它们正是靠着阳光来孵化小生命的。如果阳光足够好，它们能在这里一待就是大半天呢。往后的几个星期里，它们每天都会来到洞口进行日光浴，并且保持着同样的姿势一动不动，十分有耐心。

　　九月伊始，袋子里的卵就要破壳而出了。细心的你或许会发现，此时小球中央的接缝处不知何时出现了一条裂纹。那么，这条裂缝是如何形成的呢？是自然而然产生的，还是狼蛛母亲刻意弄出来的呢？不久，狼蛛宝宝们出世了。它们密密麻麻地聚集在一起，亲昵地爬上母亲的背，在上面尽情玩耍着。狼蛛母亲则任由孩子们待在背上，享受着与孩子们在一起的欢乐时光。狼蛛家族数量庞大，无论是在园子里还是它们活动的其他场

已经定居下来的狼蛛，在太阳升起后不久便早早地爬出洞口，出来晒太阳。

所，你总能看到大量狼蛛聚集在一起的壮丽场景，这也是世界上任何人口密集地都无法比拟的。狼蛛宝宝要在母亲背上待好几个月，直到来年 4 月才会独立生活。而狼蛛母亲总是不辞辛苦地背着自己的小宝宝，去哪儿都带着它们，那情景让观察者也为之感动。

狼蛛宝宝们很听话，它们总是乖乖待在母亲背上，既不乱动，也不打闹争吵，远远望去，就像覆盖在母亲背上的一块粗布料子。身下的母亲已被这些小家伙们压得面目全非了，因此，总有人会在看到它们时发出疑问："这到底是狼蛛一家呢，还是一团粗毛线团子呀？"是呀，不仔细观察还真看不出来呢。

大家或许会有一些担心，狼蛛母亲背着宝宝们行走，万一碰到洞壁，会不会将一部分孩子碰掉呀？其实呀，大家大可不必担心。就算一部分狼蛛宝宝真被碰掉了，它们也不会受太大的伤，还会自己快速地再次爬回母亲的背上。这就是坚强的狼蛛宝宝。如果不小心从母亲背上掉落下来，它们会立马爬起来，抖一抖身上的泥土，使劲抓住母亲的双腿，以最快的速度再次爬回母亲的背上。你瞧，不一会儿，掉落的孩子们又爬回母亲身上了。

狼蛛母亲还很博爱呢，只要是狼蛛宝宝，不管是不是自己亲生的，它都很欢迎它们在自己的背上安家，并且一视同仁，绝不偏心。不信？那你不妨试试用笔故意将一只狼蛛宝宝抖掉，引导它去找另一个母亲吧。只见这只狼蛛抖了抖身上的泥土，迅速爬上了另一个母亲的背，而那位母亲也非常和蔼地接受了它。有时候，爬上狼蛛母亲背上的宝宝太多了，背部空间已经不够用了，小狼蛛们就会想法设法，越过母亲的胸腹部，牢牢占据在母亲的头部。当然，它们知道要给母亲留下两只眼睛，因为这样母亲才能看清前面的情况，好保护它们呀。伟大的母亲为了保证背上宝宝们的安全，会特别小心，尽量避开那些有墙壁的地方或者高大的坚硬物体。

狼蛛宝宝们一层层压在妈妈背上，让妈妈不堪重负，举步维艰。可是，

只要自己还有力气，背上还有空间，它是绝不会拒绝狼蛛宝宝继续往自己身上爬的。狼蛛妈妈用自己那颗伟大的母亲之心，悉心呵护着所有狼蛛宝宝。

更有趣的故事还在后面呢。一大早，两个邻居就大干了一架。那仰面朝天的是败下阵来的母亲；而用足紧紧限制住对手，用肚子盯着对手的便是胜利者了。它们都张开了毒牙，但都不会冒然先出击，在没有摸透对方情况的条件下，这样做只是吓唬吓唬对方而已。可是，一旦胜负已决出，胜利者会毫不犹豫地咬碎战败者的头，将它拖回家和家人一同享用。

母亲被吃掉了，那可怜的狼蛛宝宝怎么办呢？它们才不管这些呢，只管认贼做母好了。它们转而爬上胜利者的背，而大度的胜利者也以母亲的姿态接纳了它们，这一现象确实有些令人难以理解。

狼蛛的背上背着那么多孩子，那么，它是如何养育它们的呢？关于这个问题，我们接下来就来看看。有时候，你能在狼蛛敞开的家门口看到这样的现象：狼蛛母亲正津津有味地吃着东西，完全不顾身边的一群孩子，而孩子们也没有表现得有多么饥饿，是不是很奇怪？原来呀，这些孩子是不需要进食的。

那么，不吃东西的小狼蛛靠什么维持生存呢？是不是也像哺乳动物一样，吸食母亲的分泌物呢？当然不是，通过观察我们可以发现，小狼蛛完全没有将嘴放到过母亲的皮肤上，也没有做出吸食的动作，而且整个养育期中，狼蛛母亲的身材一直很丰满，完全看不出被孩子吸食的迹象。狼蛛母亲甚至比以前更丰满了些，因为在即将到来的夏天，它还要孕育一大群新生命呢。

小狼蛛这样不吃不喝，到底如何维持生存呢？可以肯定的是，它们绝不是靠卵内的营养物质来维持生命的。那到底是什么呢？瞧它们整天在狼蛛母亲身上爬上爬下的，想必也是需要耗费不少体力的吧，又是怎么支持下去的呢？通过实际观察我们发现，它们并无特殊技能，自打出生起，小狼蛛根本没有长大，7个月时，它依然如刚出生般大小，体型毫无改变。初生之时，卵为它们提供了形成肌肉和骨骼的物质，随后它们的体型并没有长大，没有消耗物质能量，不吃东西倒是也能维持。可很多情况下，小狼蛛还是需要运动的呀，通常活动量还不小，那它是从哪里获取力量来支持运动的呢？就算是一台机器，要维持运转也是需要加油的呀，何况动物呢。

关于这个谜题，动物学家早就已经做过研究了。原来呀，在小狼蛛出生之前，母亲就已经在做准备了。白天阳光最充裕的时间里，母亲将卵袋放到太阳下烤，让袋子里的孩子通过吸收阳光来获取光和热，补充肌肉发育需要的能量。从卵袋还挂在母亲的腹部末端开始，它就已经在这样做了。晒卵袋时，母亲万分小心，轻轻用后足将卵袋托出洞口，让它沐浴在阳光中，希望用这种方式来维持袋中新生宝宝的生命活力。看到这里，你或许会感叹：狼蛛母亲懂得可真多呀，就算是经过培训的人类母亲，也不一定知道如此多的生活科学呀。

小狼蛛在出生后的很长一段时间中，会快乐地在母亲的背上生活，直到可以离开母亲独立为止。

狼蛛母亲在哺育孩子期间，一直将它们背在身上，自己也依然保持着丰满的体型。

　　天气晴朗的日子，我们会看到狼蛛母亲不厌其烦地将孩子背出洞穴，趴在洞口晒太阳浴，有时候一晒就是好几个小时。可爱的小宝宝们玩一会就开始伸懒腰、打哈欠，但晒了太阳后，立马变得精神抖擞起来，比大吃了一顿还有劲呢。如果你趁着它们静立不动的时候朝它们轻轻吹一口气，会发现这些小家伙像受到了狂风袭击一般，东倒西歪，摇摇晃晃，跟喝醉了酒似的，样子可爱极了。不过，待到风平浪静后，它们又能马上聚拢起来。虽然不能消耗食物的能量，可这些小家伙在被逼无奈之下，依然是可以运动的。

　　狼蛛真是个生活经验丰富的好母亲。每一天，它都能不失时机地将孩子带到洞口晒太阳，吸收能量，直到太阳落山。在没有离开母亲之前，只要有阳光，母子们就一定会出来晒太阳，就算是寒冷的冬天也不例外。现在大家知道了吧，阳光在狼蛛宝宝的成长中，可是起了大作用的，说它是狼蛛宝宝的"第二母亲"，也毫不为过。

纳博讷狼蛛的高超本领

亲爱的小读者，听了前面的叙述，你是否对狼蛛的生活开始感兴趣了？为此我们再来探讨探讨纳博讷狼蛛攀高的本领，想必你会更有收获。过去3个月了，瞧，小狼蛛在一个天气晴朗、艳阳高照的日子开始行动了。雌狼蛛背着孩子从洞穴里慢悠悠地爬出来，在洞口的护栏上默默地蹲着。它在干什么呢？在伤心难过吗？其实啊，狼蛛母亲才不会难过呢，它对于孩子的去留是无所谓的，走也罢留也行，一切都顺其自然。

小狼蛛对晒太阳已经失去了兴趣，开始分组地离开母亲。满地的小狼蛛带着初出茅庐的饱满激情，开始在网纱上争先恐后地攀登。瞧吧，小家伙们穿过网眼，勇敢地爬到了圆圆的顶峰，一个个在高处待着。奇怪，它们到底要干什么呢？你一定想知道原因。

瞧，罩子顶上那个竖直的圆环，小狼蛛们肯定认为那是活动室的横架，所以才都往那里跑。它们先是在圆环的空处拉了几条丝线，然后又在周围的网纱上拉了几条丝线。感觉有把握了，它们开始在索桥上走来走去，仿佛在练习走钢丝一样。为了能够到达更远的地方，它们不时地把纤细的脚张开并伸出去。看到这里，你才恍然大悟，原来它们是想到比圆环顶部更高的地方去呀！

一群摇摇摆摆的小狼蛛，急急忙忙地争着往上爬，它们在树枝最高的地方又拉了几根悬丝，再将丝线的另一端系在了旁边的物体上，看上去像做成了几座吊桥。小家伙们急不可待地爬上去，不停歇地走来走去，还时不时地注意几下我的动作。

想必它们一定还想爬得更高些吧？我又在树枝上给它们接了一根3米长的芦竹。许多小狼蛛争先恐后地向上爬，到了顶端，竟然没忘记从那里拉下更长的丝来。这些丝有的飘荡在半空，有的像桥一样被系在周围的

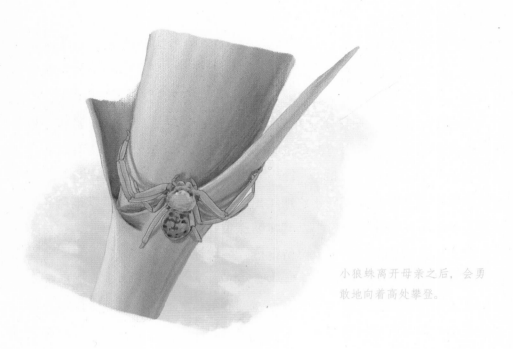

小狼蛛离开母亲之后，会勇敢地向着高处攀登。

支撑物上，特别神奇。这些杂技演员正在徐徐柔风中表演走钢丝，背光时，我看不清楚丝线，只能看见在空中跳舞的一群小虫子。难道你不觉得它们非常可爱吗？

不好！一股风刮来，在顶上固定着的丝被突然吹断，丝飘舞在空中，你正为它们担心时，它们却像跳伞的飞行员一般早已着陆出发了。移民们在顺风的情况下会着陆在很远的地方，它们对天气的预测非常准确，依据气温和日照的变化情况，它们还会在一两个星期之内有组织地先后转移。小狼蛛喜欢阳光的照射，因为阳光是它们的第二母亲，给了它们生命的能量。

尽管它们的生存能力很强，尽管它们天生具备丰富的知识素养，可天有不测风云，人有旦夕祸福啊。孩子们被索道卷走，消失不见了，孤零零的母亲会不会为消失的孩子悲伤难过呢？在这方面，狼蛛母亲的情感远不及人类丰富。这个母亲身体依然丰盈，外表依然色泽亮丽，显然没有经受过多的痛苦。

如果细心观察，你还会发现，失去孩子时狼蛛母亲会更加热情地投入捕猎中；而它在背着孩子时，却是非常谨慎的。也许背着孩子使它在攻击猎物时非常小心，现在总算行动自由了，天气也晴朗了，轻装上阵自然爽快，况且它还要为寒冷的冬季储备食粮，有时也不免偷偷地索取一些食物储存起来。

渺小的狼蛛长期在地下和野外生活，你一定还会为狼蛛的健康而担忧吧？放心，狼蛛的胃口很好，只要它能大吃大喝，就说明它的食欲依然旺盛，生命不会走到尽头。我们认真地寻找，就不难找到一处三代同堂的大家庭。孩子们离去后，待在罐子里的母亲还很健康地活着，令人感到惊奇的是，已经做了曾祖母的狼蛛依然有着诞孕下一代的能力。

认真看，你会发现，雌狼蛛在有的卵已经孵化几个星期后，依然每天拖着小球来洞口不厌其烦地晒它的宝贝，可惜没什么效果，因为不见小生命爬出来，这是为什么呢？很简单，那些卵没有父亲了。狼蛛很气愤，于是它不再等待了，干脆把那些破卵袋推到洞外。一般来说，老狼蛛会在春天来临时死去，寿命大约有 5 个年头吧。在自然界的昆虫类动物中，它也算得上长寿了。

不管那些母亲们了，咱们现在来看看这些孩子们的情况吧。小狼蛛才刚刚独立，就要挑战高处，实在令人惊叹。地面上的矮草丛本来是这些狼蛛生活的良好环境，可是，如今它们为什么对高处产生了如此高的热情呢？

因为它们的目标是登得高些、再高些，尽管我给它们提供了 3 米长竿，可远远没达到它们的攀高极限。你瞧，那些到达最顶峰的攀登者，用足不住地试探、比划着，似乎想要抓住更高的枝丫。比起其他蜘蛛，纳博讷狼蛛更热衷攀高。小狼蛛刚离开母亲不久，就能自觉地组成不同的小组，依次离开，而不是在同一时间集体迁移。

可冠冕蛛的分离场面却蔚为壮观。冠冕蛛背上长着三个白色十字架

无论冠冕蛛将自己的房屋建造在哪里，它总会将
卵袋放在接近地面的地方。

图案的东西，它不像狼蛛那般长寿。冠冕蛛在 11 月初开始产卵，在天气
转寒时开始死去，生命很短暂。春天伊始时，它刚刚孵化出来，却活不到
下一个春天的来临，短暂的生命时光还不足一年。它的蓄卵袋和彩带蛛及
丝蛛的没法相比，一点儿也不出彩，就是一个简简单单的白色小丝球。新
出生的孩子不用费什么力气就能从编织得很稀的小丝球中钻出来，新生命
的诞生就意味着母亲生命的结束，别指望母亲能为它们做些什么。它们也
无需攻破小球的方法，因为它们的卵袋并不牢固，容易冲破。

　　通过观察袋子的结构，我们发现冠冕蛛制作丝带的方法和狼蛛在大
罐子里编织的方法差不多。冠冕蛛利用拴在周围的丝线做支撑，先织出一
个厚厚的浅底杯托，将来便不再需要修整了。这种操作手法并不难猜，灵
巧的蜘蛛有节奏地上下晃动肥大的腹部末端，移动的速度很缓慢，通过腹

部纺织器的作用，周边的物体上每次都会粘上一根丝。

你知道冠冕蛛把卵排在什么地方吗？仔细看就能明白，它把卵排在很厚的杯托里，直到排空为止，再将这些粘在一起的卵摆放在杯托的中间。而彩带蛛和丝蛛十分擅长使用防水布，它们把卵排在高处，严寒的冬天，卵由厚厚的防水布护着，不再害怕风雨的袭击。冠冕蛛的巢外面罩着一层隐形的防水罩，十分牢固。它的屋顶是由较大的碎石做成的，而小球则通常安放在冬眠的蜗牛身旁。

很多时候，那些高大而茂密的荆棘丛、寒冬依然枝繁叶茂的大树成了最优质的安家处。如果找不到这样的地方，它们也能在一块草皮下将就着生活。总之，无论隐蔽在哪里，它们总是会将卵袋放在靠近地面的地方，并且尽可能地安放在细细的树枝中间。冠冕蛛不太讲卫生，除了会选用石头来遮一遮屋顶。它自己似乎也知道这点，于是选择用一层茅草盖住石头下的卵袋，使卵事实上寄居在了一间小小的茅草屋里。那么，这间茅屋是什么样的呢？幸运的是，我在园子里找到了两个冠冕蛛的巢，就藏在僻静

小小的狼蛛长期在野外和地下生活，它们会在天气晴朗的日子爬出洞寻找食物，为即将到来的寒冷日子储备食物。

的小径旁的熏衣草丛中。

我试着准备了两根缠满荆棘束的竹竿，大约 5 米长吧。我把其中一根紧挨着蛛巢竖在熏衣草丛中，慢慢地除掉竹竿周围的一些草，怕周围的植物钩住被风吹来的丝，使得这些小家伙们不走我准备好的路线。我把另一根竹竿竖在院子中间，随后，我把第二个冠冕蛛巢照原样固定在竹竿的底部。

大约 5 月中旬吧，竹竿周围的两窝冠冕蛛卵先后咬破卵袋钻了出来。开始时幼虫还很弱小，身体呈橘黄色，尾部有黑色的三角形斑纹。瞧吧，一上午小蜘蛛们就全钻出来了，初获自由令它们格外激动，只见它们慢慢爬到周围的小树枝上，并且在上面拉了几根丝，挤在一起，凑成了一个球形。它们将脑袋凑在一起，只将身体的后半部露在外面，沐浴着温暖的阳光，一动不动地打起了瞌睡。在太阳的照射下，幼虫逐渐成熟了。它们的肚子里装满了丝线，希望能将这些丝线

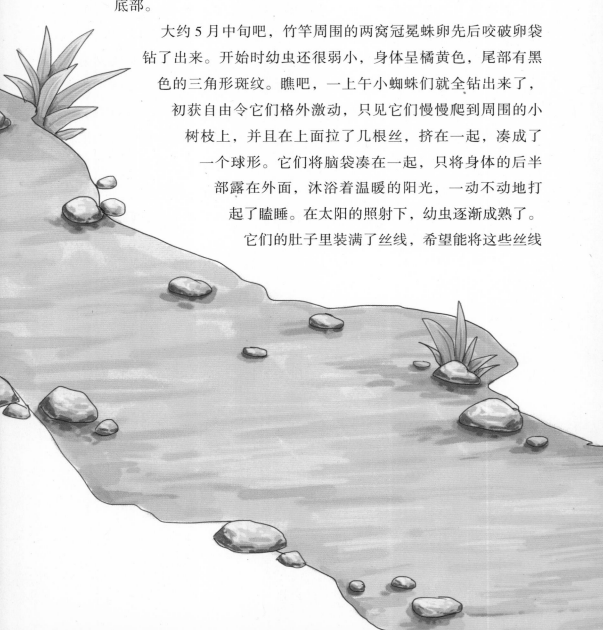

散播到宽阔的大地上去。

我用草秸秆敲了敲聚成一团的蜘蛛，引起一阵慌乱。它们在受到敲击后马上醒了过来，一点点向周围扩散开来，形成一个透明的轨道包围面，而且被丝线绷得很紧，上面还有许多乱动的小足。瞧，在蜘蛛们齐心协力的努力下，一张纤细的网织出来了，将扩散开的蜘蛛裹住了。在这张乳白色的幔帐里，小小的蜘蛛如同一闪一闪的星星，散发出一种朦胧的美。气温转凉或大雨将至时，小蜘蛛又聚成了球形。我发现，那竹竿上的两窝小蜘蛛，在雨后的第二天，还保持着和前一天同样好的状态，它们聚作一团躲在网中，成功地避开了大雨。

天朗气清的好日子里，攀登者聚在竹竿的更高处，在细树枝上编织了圆锥形的帐篷，以便晚上在此抱团过夜。气温重新升高的第二天，小蜘蛛又沿着探险者弄好的绳索，排成念珠一样的长队开始攀登了。

小蜘蛛们每天晚上都在新帐篷下聚成一团过夜。两根竹竿上的小移民，在每天早晨天不太热时，就开始向上攀登，三四天后，它们到达5米高的顶点，并在那里停下来休息。我还发现，小冠冕蛛在一般情况下利用

荆棘灌木可以更快地攀登，那些飘动着的丝线，像从空中搭建的桥梁，可以更容易地使小冠冕蛛分散开来。

我将两根带荆棘的竿子搬得离灌木丛远一些，小蜘蛛无法抛那么长的丝线，因此无法在这里搭桥。它们着急离开，执著地向上攀登着，以为可以在竿子的更高处找到出去的路，然而一切努力皆是徒劳，从这两根竿子的顶端再想攀登更高处，可不是仅凭执著就能到达的。

为什么狼蛛酷爱登高呢？关于这一点，我们稍后再看。在爱用普通的荆棘牵丝的圆蜘蛛那里，登高的喜好已经十分突出，而在那些一旦离开母亲的背，便变得同圆蜘蛛一样热爱登高的狼蛛那里，这种喜好更为显著。

通过对狼蛛的个别观察，我知道它的本能会在迁徙的时候突然表现出来，但是在几个小时后又会突然消失。失去了登高本能的成年狼蛛，会被那些好高骛远的小狼蛛很快忘掉，它们记不住家的位置，只能长期流浪在地上了。

成年或未成年的狼蛛，都会无所顾忌地爬到禾本科植物的顶端。不同的是，成年狼蛛埋伏在顶部，而年轻的狼蛛则选择隐藏在杂草里，这些年轻的狼蛛不会离开地面爬到高处，因为它们不需要在高处织网了，也就不需要那么高的黏结点了。

我已经了解到，其实和我们人类一样，小狼蛛之所以喜爱登高，是因为它们想要离开母亲，独自愉快地寻找自己的生活。从高处它们能看见更辽阔的空间，能随着被风吹走的丝线到达更远的地方。狼蛛也有自己的飞行工具，但旅途终止后，狼蛛的绝技也消失了，值得庆幸的是，它登高的本能会突然出现在需要的时候，也会突然消失于不需要的时候。

第二章

天　才

——圆网蛛

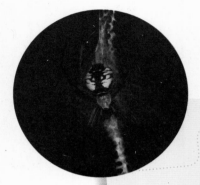

昆 虫 档 案

昆 虫 名：圆网蛛

英 文 名：Rotary spider

身世背景：蛛形纲蜘蛛目昆虫，生活在中国的一些特定地方，个头较大，是最常见的一种蜘蛛

生活习性：傍晚时喜欢在檐前、墙角等处结网，捕食昆虫；结出的蛛网呈大型车轮状

特　　长：能够织出很有黏性的蛛网，用来捕食猎物

绝　　技：织网

蜘蛛的独特习性

　　热爱自然的人们都不难理解，种子一旦发育成熟，首先要散播于泥土，然后发芽、生长，在广阔的大地上繁衍。

　　你听说过这样一种植物吗？它大多生于路旁的乱石堆里，学名为"弹性喷瓜"，也就是我们通常所说的"驴瓜"。它的果实又苦又涩，成熟后的果肉是液体状的，果壁有弹性，如果你不小心弄破了它的皮，种子与果肉就会猛地喷出。不了解的人一旦摇晃喷瓜植株，肯定会被叶丛里的响声以及面部突然受到喷瓜机枪一样的乱射弄得手忙脚乱。

植物的果实一旦成熟，里面就会布满了果肉。

第二章
天才——圆网蛛

凤仙花的果实成熟之后，如果有人碰到它，它也会像喷瓜一样，破裂成好几部分，里面的种子就会从开口处喷射而出，所以凤仙花的植物学名称是"急性子"。还有蝴蝶花的蒴果，一旦成熟也会裂成三瓣，里面的种子受到挤压也会喷涌出来。

如果是很轻的种子，尤其是菊科类的种子，因为有翼和羽状冠毛等，能够飘在空中，有时甚至能飘到很远的地方。蒲公英的种子只要被风稍微一吹，就会慢慢地在空气中飘起来。黄色紫罗兰的种子也能够飘到很远的地方，甚至飘到很窄的岩石缝和墙缝中，只要有一点点泥土，它就会生根、发芽。榆树的翅果有着轻飘飘的大翼，中间是种子。而槭树的果实很像一只鸟伸展开的双翅，白蜡树的果实像船桨，借助于暴风雨它能飞到很远的地方。

昆虫和植物一样奇妙，为了找到属于自己的乐土，避免互相之间争抢地盘，它的家庭成员也能飞散到各处，而且每个成员都能找到适于自己的地方。你专门观察过蜘蛛吗？蜘蛛的种类很多，例如本领强大的圆网蛛，为了捕捉猎物，它会垂直地将一张大网吊在两棵灌木之间，就像捕鸟的网。彩带圆网蛛在我们当地十分有名，它长着好看的黄、黑、银白相间的横花纹，精美的卵袋是"缎子"做成的，形状像个小型的梨子，袋子的两极镶嵌着一些棕色的带子作为装饰，看起来像分布随意的经线。

打开卵袋，首先看到的是一条质地柔软的棕色被子，这是母亲为孩子准备的小床。在这柔软的被子上，躺着橘黄色的卵，大概有500个吧。

确切地说，这个美丽的卵袋其实就类似于植物蒴果的卵囊，只是这个小袋子里装的并不是种子，而是卵。你知道动物果实成熟之后是如何裂开的吗？它又是如何进行传播的呢？卵袋里的几百颗卵，怎么去找适合自己的生存之地呢？要知道，它们十分脆弱，跑得也很慢，是怎么跑到很远的地方的呢？

五月，在荒园里的一棵丝兰上，我细心地找到了圆网蛛的幼虫。我

发现，这棵植株去年还是开过花的，可是现在全部干枯了，而花茎仍然竖立着。两窝刚刚孵化出的小圆网蛛爬满了丝兰叶子，它们呈暗黄色，尾部还长有一个三角形的黑色小斑点，背上的图案向大家说明了，它们就是冠冕圆网蛛的后代，而不是彩带圆网蛛的后代。

荒石园中，每天太阳升起时，一群小圆网蛛就会非常兴奋地在此跳跃，它们像杂技演员一般爬上花茎的顶部，在上面跑呀跳呀，闹哄哄地玩耍。忽然吹来一阵微风，还没等我缓过神来，它们就一只只从花茎上飞快地跑了，仿佛突然长了翅膀一般。我甚至还没有看明白是怎么回事，小蜘蛛便很快消失得无影无踪了。我想，我还是干脆进入实验室观察吧。

我将小蜘蛛带回实验室，放在敞开的窗户附近的桌子上。小蜘蛛爱

小圆网蛛也很喜欢登高，它们像杂技演员一般爬上花茎，蹦蹦跳跳地玩耍着。

登高，我给它们准备了一捆约半米长的细树枝，方便它们攀爬。一窝蜘蛛急匆匆地爬上树枝，很快就爬到了树的顶端，全都聚到了最高处。它们要干什么？看吧，小蜘蛛们各个闷头闷脑地往四处拉线，一会儿上，一会儿下，不一会儿在树枝的顶部到桌边的底边间，织成了一张薄薄的网。这张网呈放射状，有两柞高，小蜘蛛们编织它做什么呢？原来呀，它们是在为出发做准备。

小家伙们在网上来来回回地跑，忙忙碌碌，不知疲倦。在阳光的照耀下，它们变成了晶莹闪光的小亮点，在白色的网上构成了星云，而这团模糊的星云并不是由固定的星星构成的，它充满了活力，小蜘蛛连续地在网上走动，瞧，还有好多摔下来的，被吊在丝的一端。它们拉住自备的丝线，又沿着那根丝线迅速地爬上去，看起来好玩极了！接着，它们又摔下来了，丝被拉得更长了。

现在你该明白了吧？丝是用力气从纺丝器里拔出来的，而不是流出来的；丝是被圆网蛛的重量拉出来的，而不是射出来的。蜘蛛不断地移动，不断地拉扯，才能一点点地往外抽丝。无论它们是行走还是摔跟头，其实都是在不断地拉丝。它们的一切活动正是为下一步的疏散做准备，真够聪明的！

在观察期间，我还看到几只圆网蛛在桌子和窗户之间急匆匆地跑，样子像空中飞人。仔细看，能看见小蜘蛛的身后拖着一条像光线一样的细丝，闪闪发光，可是只显现了一下就再也看不见了。尽心仔细地观察，会发现蜘蛛的尾部确实拖着一根细丝，可是那一面朝向窗户，因此才不易被发现。虽然我尝试着从不同的角度进行观察，结果还是什么也没发现，依然无法看到能够支撑小家伙行走的东西，它们仿佛在空气中划船一般，形状美极了。

要知道蜘蛛必须有一座可以通行的桥梁才能越过这片开阔地，飞是不可能的。那么桥梁在哪里呢？用棍子划拉一下那只朝窗口跑的蜘蛛的前端，还没等再划拉第二下，这小家伙就摔了下来，显然这是我们看不见的

聪明的圆网蛛在空中用细丝给自己搭建了一座桥梁，使得自己在跨越空间时来去自如。

桥梁断了。

　　为什么我们能看见蜘蛛身后的那根细丝呢？经过观察得知，原来那是蜘蛛拉出的一根保险丝，确保自己掉下来的时候随时受到保护。而前面的细线只有一根，我们几乎看不到，那条细丝其实不是蜘蛛扔过去的，而是被一阵风拉过去的。圆网蛛能飘荡在空中其实靠的就是这样一条细丝，就跟烟斗里冒出的烟圈一样，即使是很微弱的风，也能将圆网蛛带走，将细丝拉长。

　　但是请放心，不管碰到周围的任何物体，这条飘动的细丝都能固定在上面，小蜘蛛可以通过这座丝线搭成的桥梁来去自如。

　　然而，室内的风是如此微弱，甚至无法感觉到，丝带是怎么飘起来的呢？认真感觉就能知道，冷空气从门口进来，热空气从窗口出去，冷热空气交换就形成了空气的流动。原来是流动的空气将细丝带到了别处，蜘蛛也就可以出发了。

那么我们将门窗关闭会怎样呢？切断空气流动试试，把室内打扫一遍。效果不错，几日来你再也见不到跑动的小家伙了。可时过不久，蜘蛛就又朝着我们意想不到的方向开始移动了，细心观察才发现，是因为炽热的阳光照在地板上，这里比其他地方要热得多，一股新的气流又形成了。如果那些小细丝能被这股微弱的气流托起来，你可能会想，小蜘蛛应该能爬到屋顶了。

奇怪的现象真的出现了，许多蜘蛛从窗户出发了，为了实验顺利进行，我又抓了一窝小蜘蛛来。这次的小蜘蛛数量与先前的一样，演示方式也和先前的一样，我点起一只小煤油炉，在感觉并不是很热的情况下，让它产生一股上升的气流，帮助小蜘蛛拉丝，并且将其带到高处去。注意气流的方向与强度，我将蒲公英的毛作为测量器，它们随着气流大部分能到达屋

小蜘蛛们在细丝上奋力地向上攀爬着，它们正打算到屋顶去寻找食物。

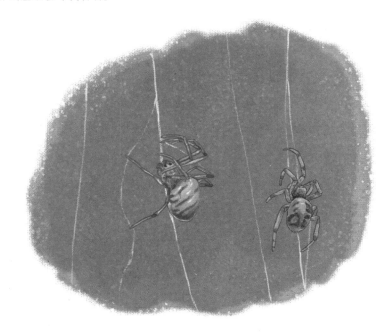

顶。放掉蒲公英的毛，那么这些迁移者的细丝也应该容易上升了。

一切准备就绪后，我看到一只小蜘蛛在缓缓向上爬行。小家伙的身体缓缓升高，八条腿在空气中快速地移动着，接着，其他的蜘蛛也从不同方向快速地向上爬，当然也有顺着同一条路爬的。看到这里，想必你已经不再觉得惊奇了吧？几分钟的时间，瞧吧，大部分的蜘蛛都升到了屋顶，紧贴在房顶上。

可是还有一部分蜘蛛却上不去，到底是怎么回事？瞧，它们越是使劲往上爬，就越是下滑，为什么总是打滑呢？仔细看，那条丝是飘动的，上端没有接触天花板，下端是固定的。学过力学的朋友都知道，是重力大于浮力的原因才导致小蜘蛛向下倒退的。

经过长时间观察就能知道，通常情况下，小蜘蛛基本能够爬上屋顶，吃到那里的食物，看到这些，大家一定会有些吃惊，小蜘蛛的蛛丝怎么这样神奇呀！可你知道吗？这一切功效竟然都来自一个微乎其微的小卵球！你绝对不会想到，它的拉丝厂竟然会采用阳光加热法。

我们在这里还要谈一谈另外一个现象，如果小蜘蛛没有办法找到可以停留的地方，很多蜘蛛就会死去。因为吃不到东西，它们就不能生产出另外一根丝。

我用小剪刀轻轻地将几根细丝剪断，发现丝的底端还是双股的呢，因为较粗，所以能看得见。在剪断细丝的过程中，我发现窗外的风吹动了吊在细丝上的蜘蛛，它们竟然飞走并消失在了空气中。天哪，简直如同外星人一般，你一定会想，假如这神奇的交通工具上有一个方向舵，那该有多好呀！那么这些神奇的小东西就能任意旅行了。

也许你会想，假如发生在空旷的田野里，又会是什么情景呢？不难看出，这些天生的杂技演员和走钢丝演员，是为了有足够的空间施展自己的才艺才爬到细树枝上的，而那些细丝是利用气流慢慢地向上升起的。

我们已经从圆网蛛身上了解了有关蜘蛛疏散的具体情况。其实，它们的手艺只能说是一般，和彩带蜘蛛的蓄卵容器相比要简陋寒碜得多。那么，我们再去探究一下彩带蜘蛛，看看能否从它们身上得到更有价值的东西。

临近三月，蜘蛛卵开始孵化，我小心地切开彩带蜘蛛的圆形巢，看见一些小蜘蛛从中间的小房子里钻了出来，整个孵化过程大概要持续两星期。小东西时常会躲在棕红色的被子里静止不动，万一受到惊吓，就会在原地懒懒地跺脚或者犹豫不定地乱转，它们现在还没有能力外出游荡。

在裹着卵袋的漂亮丝团里，小蜘蛛逐渐成熟了，而且它们的身体变结实了。数量大约有几百只吧。用什么方法能将它们都安置在小房间里呢？它们会因为挤压而受伤吗？不会的，我们已经知道卵袋是一个底部呈弧形的短圆柱体，而且不透水，又很结实。

位于荆棘丛中的彩带蜘蛛的卵袋要在阳光照耀下才能炸开，小蜘蛛蜕皮后离开卵袋，开始迁移。

那么，它们怎么才能解脱出来呢？别急，当然是靠小蜘蛛的力量推开的。一旦有小彩带蜘蛛孵化出来，在里面动弹，卵袋就成熟并自动启封了。

六七月份是蝉欢唱的季节，此时小圆网蛛也想出来凑热闹，可卵盒还没打开，怎么办呢？当你正为此事愁眉不展时，缎子布却很像是成熟的石榴皮，突然就裂开了，其实这是一股内力作用。瞧吧，一群小蜘蛛被弹出来，它们趴在喷出的棉团上，有点儿焦虑不安的样子，很是可爱。

实验证明，彩带蜘蛛的卵袋必须要有烈日的照耀才能炸开。如果细心观察，你还会发现有的卵袋上出现了小圆洞，那是小家伙们用自己的大颚轮流在卵袋上钻的。

炎热的七月又到来了，那些待在荆棘丛中的彩带蜘蛛的卵袋会因为内部空气的压力而自动炸裂，蜘蛛也就获得自由了。可还有大部分的蜘蛛仍待在裂开的袋子里，不过，门既然已经被打开，一切就没关系了，什么时候出来都可以。可笑的是，迁徙之前它们还要换新衣服，也就是说小蜘蛛们蜕皮后才能逐渐离开自己先前的住所。在炽热阳光的帮助下，出来的小蜘蛛们共同建成了一顶透光的临时住所，它们在帐篷里蜕皮，然后在高处的秋千上蓄势待发。

它们分批而行。那些后行者有的还在丝上挂着，在微风中晃来晃去，像钟摆一样。直到找到一个很理想的落脚之地，它们才会停下来，总之，蜘蛛的迁移方法在本质上都是相同的。

天生的织网大师

想必大家对用网捕鸟的技术都非常熟悉，其实圆网蛛织网捕猎的技术更高人一筹。因为我们知道捕鸟的网制作起来很简单，只要有网绳和几根木桩以及一些棍子，然后再挂上两张土色的大网，动一下脑筋就可以做成了。

大家或许都知道，鸟的共同点就是听觉灵敏，能听到老远经过的同类的叫声，只要听到同类的叫声，它们就会立即发出美妙的召唤声。一种叫桑贝的鸟儿，尤其擅长召唤同类。它一刻也不停地跳跃着，扑扇着翅膀，看起来非常快活，实际上不过是一只被束缚住的鸟儿。它企图挣脱束缚，可一切都是徒劳的，最后，绝望的鸟儿一动不动地趴在地上，拒绝执行召唤的任务。机灵的捕鸟者用一根长长的绳子拉动枢轴上的活动吊杆，小鸟被颠簸得一起一落，飞起来，又落下。只要捕鸟人拉一下绳子，它就会飞一下。

秋高气爽的时节，捕鸟者守候在这里。你听，"潘克，潘克，"天空中有新鸟飞来了。单纯的鸟儿听到笼子里同类的叫声，很自然地降落在空地上，此时捕鸟者迅速用力地一拉绳子，网立刻合上了，可怜的鸟儿便被抓住了！

其实，圆网蛛的网比人类的捕鸟网更高明。它为了吃到苍蝇，将自己那精湛无双的本领悉数用上了。你知道吗？圆网蛛的巧妙捕猎法，在各

老圆网蛛喜欢在深夜织网，这时候观察它，可以很好地了解它的工作方法。

类蜘蛛中当属第一。

接下来，大家就一起来看看，圆蜘蛛是如何结网的吧，当然，我们必须花费时间多次而细心地观察，因为这实在是一个复杂的过程。我在荒石园里挑选了几种最有名的圆网蛛，我们先来观察其中的六种：彩带圆网蛛、圆网丝蛛、角形圆网蛛、苍白圆网蛛、冠冕圆网蛛和漏斗圆网蛛。它们都是卓越的纺织高手，个子也很大。在气候舒适的时节里，我开始了观察工作，尽可能认真地观察它们。当然，具体来说，我会根据天气情况的不同，安排具体观察其中的哪一只。如果你能坚持每天傍晚都认真观察，就会逐渐发现很多新的细节，了解很多新的知识。其实，以上六种圆网蜘蛛的工作方法几乎一样，织出的网也很相似。

不信吗？我们不妨观察一下小圆网蛛试试。它长得并不肥壮，蓄丝的肚子像梨种子似的。你可别小看它们个头小，织网的能力可不简单呢，就是发育成熟的老蜘蛛也比不上它们。

仔细观察就知道，小圆网蛛有一个难能可贵的优点：它们白天织网，而且喜欢在有阳光的天气里工作；可是老圆网蛛却爱在深夜干活。那么，这两种圆蜘蛛的纺织工作，具体是怎样进行的呢？

七月末，小圆网蛛在太阳即将落山前的两小时开始工作了。荒石园里的纺织工们是怎么干活的呢？现在，让我们选中一只圆网蜘蛛进行观察吧。在迷迭香的绿篱上，它在枝丫的一端到另一端之间来回忙碌着，用后脚的毛拉出一根丝固定在枝丫上。它爬上爬下，忙得不亦乐乎，还知道用多道缆绳加固，做出一个没有头绪的框架呢。

圆蜘蛛最擅长用绳索织网，它先是设计工程的整体布局，再建造整个工程的框架，最后造出了自己所需要的网。在框架上，蜘蛛尽情施展才华，将网分步骤地织到上面去，以保证自己能自由通行。

看到这里，你还能说这是毫无章法的工作吗？当然不是了。要知道，猎物在一夜之间就能把框架全部毁掉，因此圆网珠每晚必须仔细地将其整修一遍。它的蛛网多薄弱啊，怎么能经得起捕猎物垂死的挣扎呢！相比之下，成年圆网蛛的网倒是结实得多。

　　不知你是否发现了，蛛网的第一个部件是一根很特别的丝。这根细长的丝与其他的树枝隔着一定的距离，并与其他的丝分开。在长丝的中央还有一个大白点，这里既是蛛网的中心，也是圆网蛛工作的基础点。

　　就这样，纺织工作即将开始了，蜘蛛从基础点开始，凭借那根横穿的丝桥，很快到达了周边，到达了围绕着空间的不规则框架。蜘蛛还挺灵巧的，它使劲一跃到达中心后，又开始了往返爬动，从左到右，从上到下。它攀爬，下落；又攀爬，又下落，无论从哪个角度出发，总能回到中心点的标杆上。而且它每爬一次，就留下一道"辐射丝"。它一会儿来这里，一会儿又去那里，在我们看来似乎有些杂乱无章，其实不然。蜘蛛在织网时看上去好像有些随心所欲，事实上它是通过一条铺好的辐射丝来到空地的边缘，然后又到达框架上把丝固定好，最后再按原路回到中心的。

圆网蛛在织网时，会先将丝固定在框架上，它会使用折线式的方式产生丝。

　　瞧，这条丝的一部分缠绕在框架上，比其他的线都长得多。况且蜘蛛回到中心的位置后调整了线的长度，拉出适度的线并把线固定好，在中心的基点上聚集了一些多余的线。而且它每拉出一根辐射丝时，就会对多余的部分做类似的处理，基础点逐渐变大，最后形成了一个一定大小的垫子。

　　蜘蛛如同一个家庭主妇一般会过日子，会不断摆弄那个用剩余丝线做成的垫子。你瞧，圆网蛛在每铺一根辐射丝后，就用脚对坐垫进行加工，用小爪调整坐垫的位置，那勤劳认真的样子，还真像一个家庭主妇呢。就这样，所有的辐射丝有了一个结实的共同支撑物，就如同车轮的毂。看到这儿，大家可能不禁会感慨，原来，蜘蛛并不是毫无章法地织网啊，它们那精湛的织网手艺，完全不亚于我们人类的编织工啊。

　　圆网蛛天生就是织网大师，它们在朝一个方向铺了几根丝线后，会转而到反方向去铺几根，利用了力学原理来保持绳索的平衡，可谓技术精湛。接着仔细观察会发现，所有辐射丝之间的夹角大致相等，因此编织出的太阳形图案十分有规则。另外，不同的圆蜘蛛编织的网，辐射丝的数量有所不同，角形蛛的蛛网有 21 根辐射丝，彩带蛛的蛛网有 32 根辐射丝，不过这些辐射丝的数目不是绝对不变的，但误差很小。

　　试想我们人类谁能不依靠工具，很快把圆面分成很多开度相同的扇形呢？然而圆网蛛却能做到。虽然几何学家认为它们的方法毫无科学性，可这些带着沉甸甸的丝袋，在摇晃的细线上艰难前进的小家伙，就是用看起来毫无章法的方式，将这项工作做得井井有条。但我们也不必夸大它们的手艺，毕竟，这些角度只是看上去大致一样，经不起严格的科学测量。

　　圆网蛛有很多奇怪的方法，它能成功地处理很多困难。蜘蛛神态悠然地蹲在中心区，坐在那个小坐垫上，其实，它们又在忙一件细致的工作了。它们以中心点为起点，环绕一根根辐射丝编织很密的螺旋丝。这样一来，蜘蛛网上就都有一个中心区了，不过老蜘蛛蛛网的中心区有一个巴掌

圆网蛛编织螺旋丝时很有技巧，整个蜘蛛网看上去就是由很多多边形的线组成的。

大；而小蜘蛛蛛网的中心区是很小的，我姑且叫它"休息区"吧。

观察中还会发现，蜘蛛编织螺旋丝线很有技巧，这些螺旋丝线是不断加粗的，第一根似乎看不见，第二根可以逐渐看得很清晰。蜘蛛斜着爬行，几个圈后就逐渐地离开了中心点，它在穿过的辐射线上把丝固定好，最后又爬到框架的下边。此时它刚好划了一个螺旋圈，圈的宽度是逐渐增加的，就连那些幼年圆网蛛的网也是这样的。不过我们应该知道，圆网蛛的网是直线和直线的组合。我们看到的蜘蛛网，实际上是一条多边形的线，也就是我们几何学里被列入曲线范畴的线。

大家知道蜘蛛使用螺旋丝的作用吗？一是编织横梁，也就是为编织

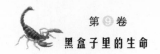

过程提供支撑物；二是引导蜘蛛进行即将进行的精细化操作。不过有的时候支撑物不规则，或者辐射丝所占的空间不合适，都将会破坏所有的织网程序。圆蜘蛛需要一个合适的地方，好让它有规则地将丝线放上去。为了不给猎物留下逃跑的出路，它还得保证这里没有空隙呢。

蜘蛛是很精明的，它能马上发现隐患之处在哪儿，而且知道怎么补救。一旦发现，它会很快行动，爬来爬去，一会儿就能把缺漏的地方补上。蜘蛛网上的"之"字就是蜘蛛补添缺漏留下的图案。

一切准备就绪，下一步就该正式编织捕虫网了。圆网蛛紧抓住辐射丝和辅助螺旋丝，并且爬向和辅助螺旋丝相反的方向；先是离开中心，然后又爬向中心。它每爬一圈，圈子就变得更密一些，而且数目就更多一些。最后，它从辅助螺旋丝底部离开。接下来的过程中，它的动作既快又迅速，但看起来不连贯。我被它那连续不断的急跑和跳跃弄得有些头晕，有些招架不住，但为了弄清它的工作情况，我还是坚持了下来。

仔细观察会发现，蜘蛛的纺织工具就是它的两条后步足，它们分为内足和外足。我们根据它们在纺织厂的地位划分，朝向绕线中心的那只步足就叫蜘蛛的内足，朝向外面绕线的那只足叫做外足。蜘蛛在编织网的时候，依靠外足从纺丝器中拉出细丝递给内足，内足的动作非常优美，它把细丝放在身后的辐射丝上。在同一时间，外足很神速地丈量距离，而且自动化焊接。随着工作的进行，蜘蛛网上还会留下一系列的丝粒，这是螺旋丝毁掉后留下的残余，只在光线很强的情况下才能看清楚，即便整个网被毁掉，这些丝点也能辨认出来。

蜘蛛一刻不停地转着圈子，并向中心逐渐靠近，在每根辐射丝上焊接丝线。丝蛛的网大约是50圈，彩带蛛和角形蛛的网大约才30圈。最后，蜘蛛在休息区的边缘忽然停止了纺织螺旋圈，它想干什么呢？它把那团坐垫吃下去了，丝垫可能被它吞到了丝库里，然后到消化器里去溶解。因为它很宝贵，丢了怪可惜的，无论如何也不能扔掉。织网工作该结束了，圆网蛛马上坐在网的中心，头向下低着，摆出一副捕猎的姿势。

不过我们还有必要继续研究一下圆网蛛特殊的本能，大家可能已经意识到，圆蜘蛛的左边身体和右边身体同样灵活，不管是哪种圆网蛛，都可以随意向四面八方转动。至于这是什么原因造成的，还有待我们继续研究，不过蜘蛛一旦决定了方向，就算碰到某些变故打乱了它的工作进程，它也不会随意改变初衷。

蜘蛛铺设螺旋丝的操作是很精细的，而且动作迅速又灵活。它干起活来有时使用左步足，有时使用右步足，相信看到这一情景的人都能相信，圆网蛛的左右手都十分灵活，可以称得上是纺织界出色的能工巧匠。

奇妙的黏胶捕虫网

如果你细心观察了彩带蛛和丝蛛的网就可以发现，构成捕虫网的丝与组成网子外框的丝是不同的。

圆网蛛的蛛网上充满黏胶，猎物很容易就被黏胶粘住了。
一只圆网蛛正在靠近被粘住的蝗虫。

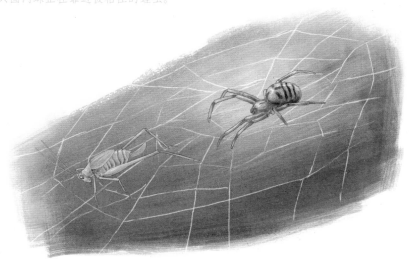

你瞧，在阳光下它们闪烁着光芒，上面好像有小颗粒编成的念珠似的结节。我轻轻地在网下放了一块玻璃片，网被抬起来后，我取下了要研究的蛛丝，这些蛛丝水平地固定在了玻璃片四周，接着就得用放大镜和显微镜仔细地进行观察。

此时，眼前的状况确实让我为之一惊。这些丝的末端原来都是一圈一圈结构非常紧密的螺旋形蛛丝；这根细管一般的丝线，中间都是空心的，里面盛满了如溶解了的树胶一样的黏液，这种半透明状的黏液从蛛丝的一端流了出来。此时必须小心地将细丝放在显微镜的装物台里，用玻璃片压上，螺旋形的小卷慢慢地延伸，变成了从一端到另外一端扭曲的小细带子。我还发现小细带子的中间有一条暗线，其实这是空腔。

再认真观察还会看到，透过弯曲的丝状管壁，丝里面的黏液慢慢地渗出来，这样整个网就都有了黏性，而且黏度高得惊人。此时我拿了一根细麦秸小心翼翼地触一下那段丝的三四节，即便动作很轻，麦秸还是马上就被粘住了。我谨慎地抬高麦秸，把丝拉过来，它的长度几乎是原来的两倍。但因为绷得太紧，蛛丝还是脱落了，可是它不易断开，仅仅是收缩到原来的样子。丝被拉长时，螺旋形丝卷就会松开；收缩时又卷曲为原状。随着黏液在丝带表面的渗透，丝带变成了黏合物。

总而言之，这里的螺旋丝其实是一种像头发一样纤细的细管。它卷成了螺旋状，具有很好的弹性，能经得住猎物的拼死挣扎而不被弄断。因为丝管里充满黏液，而且不断地向外渗出，因此，即使丝带因为长期暴晒而减弱了黏性，也能很快恢复过来。是不是非常神奇呀？

圆网蛛就是在这充满黏胶的网上捕猎，而且这种黏胶十分神奇，任何东西碰上它都会被粘住，即便是蒲公英的毛轻轻飞过都是跑不掉的。

那么你一定很奇怪，圆网蛛成天和黏胶在一起，为什么却又从来没被粘住呢？大家回想一下前面说到的内容，在捕虫网的中心，有一处特殊的区域，这片特殊区域内是没有黏性螺旋丝的，因而没有黏性。况且在整个蛛网中，这片中心区的面积大约同掌心那么大。它由没有黏性的辐射丝

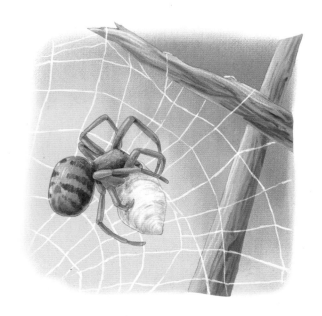

一旦发现猎物被粘到网上，圆网蛛会迅速地移动过去，用丝把猎物捆绑起来，直到它停止挣扎。

和辅助螺旋丝两部分构成。用麦秸尝试着触碰几下就会发现，任何中心区的地方都不会将麦秸粘住。

圆网蛛就是在这片休息区——中心区耐心地等待猎物的到来，它很执著，几天几夜都不离开。尽管它和蛛网的中心区接触很密切，而且守在那里的时间也长，可是它从来不会被粘住。这是因为，中心区是由辐射丝和辅助螺旋丝构成的缘故，它们只是普通的实心直线丝，两者没有黏性液和弯曲的螺旋管。而猎物常常都是在蛛网边缘地带被粘住的。蜘蛛一旦发现了猎物，就会快速跑过去并将它制服，使它停止挣扎。不难发现，蜘蛛在网上行走几乎毫不费劲，蜘蛛移动脚步时也没有将黏性丝提起来。

小时候，我跟伙伴们常常去田地里捉金翅雀。通常，大家都会先在手指上抹些油，再给捕鸟的竹竿涂黏液。难道圆网蛛也懂用油脂防粘的道理？

那么就让我们通过实验来看一下吧。我先将麦秸用沾了油的纸擦一

擦，然后用麦秸触碰螺旋丝。这会儿我发现麦秸没有被粘住，由此我们应该算找到了答案。下面，我又将一只活蜘蛛的步足从它的身上取下来，然后再将其放在麦秸上，用它去触碰黏丝。我发现这只步足竟然一点儿都没有被粘住，就像不是在黏性丝上实验一样。其实我们早就应该想到，圆网蛛无论在什么情况下都不会被粘住。

后来，我又做了一个实验，结果却大相径庭。这次我先将蜘蛛的步足放到硫化钠中浸泡十五分钟（大家都知道硫化钠是油脂的最佳溶解剂），接着拿了一支泡过液体的画笔，把这只步足清洗干净。清洗后的步足就和其他的东西，比如没有被油涂过的麦秸、柳丝等一样了。这次我看到它和捕虫网的螺旋丝紧紧地粘在了一起。所以我断定，圆网蛛身上一定有一种油脂物质，正因这样它才没有被黏性螺旋丝粘住。

这种想法是否正确呢？大家应该知道硫化钠的作用，而且这种物质在动物体内是十分常见的，我们根本找不到可以否定的理由。或许蜘蛛懂得在自己身上轻轻地涂抹上这种油脂物质。小时候，朋友们为了摆弄粘金翅雀的竹竿懂得在手上涂一点油，同样的道理，蜘蛛为了在网上任何地方都不被粘住，当然也知道在自己的身上涂上一种特殊的分泌物了。

可是，如果长时间待在黏丝上总跟丝接触，时间久了就会引起粘附，这样也会限制蜘蛛的行动，因为我们明白蜘蛛必须随时保持灵敏性，一旦发现猎物，它必须要在猎物挣脱之前冲过去。所以在蜘蛛的驻扎区，也就是它长时间待的中心区，必须没有丝毫的黏性。

可圆网蛛会在这个驻扎区长时间地一动不动吗？它伸开八只脚，非常警惕地时刻注意着蛛网的动静。而且它也是要在这个区域里吃东西的，如果抓到了可口的猎物，它会细嚼慢咽、滋滋有味地品尝。一般情况下，它逮到猎物后先将猎物捆绑结实，咬它几口，接着就把猎物拖到网的中央区域。它主要是想在这个没有黏性丝的区域慢慢享受自己的劳动成果。看来，这个没有黏性丝的区域其实是圆网蛛为自己备下的捕猎驻扎地和进食场所。

其实，这种黏性液体数量并不多，所以无法研究它的化学性质。我们只能从显微镜下细心观察到，有一种略带粒状的透明液体从断丝中流出。为了更清楚地证实我们的猜测，接下来让我们再做一次实验，进一步清楚地了解情况。

现在，我先拿一块玻璃片穿过蛛网，这样就可以收集到一些被固定成平行线的黏性丝。接着，我将玻璃片放在一层水的上面，用罩子将它罩起来。接下来在这个极其潮湿的环境之中会怎样呢？不大一会儿的功夫，可以看到蛛丝逐渐伸展，并在一种可溶于水的套管中膨胀，最后变成了液体。此时丝管的螺旋形状逐渐消失了，蛛丝的管道上却出现了一种半透明的圆珠、一种极细的小粒。

实验进行了整整一天一夜，这时蛛丝里面的胶液消失掉了，蛛丝成了几乎看不见的细线。此时我将水滴在玻璃片上，得到了一种黏性分解物，一种类似溶解的树胶物质。显而易见，实验证实了圆网蛛的黏胶对湿度的敏感性很强。在充满湿气的环境中，它一定会使劲吸水，接着水又从丝管

彩带蜘蛛在天没亮时就开始织网，然而在有雾的天气里它一般会停下工程，因为湿气对网的黏性有影响。

中渗透出来。

通过以上内容的阐述，蛛网的编织情况已经大致清晰。发育成熟的彩带蛛和丝蛛一般在天没亮时就开始织网。如果是大雾天气，它们就暂时停下没有竣工的工程。不过它们并不会因为雾天而停止构建工程总的框架，搭建辐射丝，还有缠绕辅助螺旋丝，因为这些小设备不受环境湿度的影响。不过，它们却从不会在大雾天编织黏胶网。因为它们懂得捕虫网如果被雾弄湿，黏性就会被溶解掉，从而失去它的作用。天气适宜的话，第二天晚上整个编织工作就能做好。

尽管由于黏性丝对湿度具有高度的敏感性，而显得不太方便，可是也有一定的好处。有两种圆网蛛的捕食时间都是白天，而且又都是在烈日炎炎下，要知道这时是蝗虫出动最频繁的时候。在烈日下，假如没有专门的防护措施，黏胶网很容易变得干燥，变成了干巴巴没有活力的网。可事实却不是这样，即使在最热的时候，黏胶网也既灵活又有弹性，并且它的黏附力还特强。

为什么会出现这种情况呢？想必我们大家都想知道，实验结果证实，这是因为它对大气湿度具有高度的敏感性。要知道在大气之中，何时何地都有湿度，而且它会慢慢地渗透到黏性的丝里。学过理化知识的人都懂得，原先的黏度虽然在逐渐降低，可是它会按照自身的标准稀释丝管并成为变浓的液体，还能让黏液渗透到管外。了解了以上知识，大家或许会觉得在调制黏胶技术方面，没有哪个捕鸟的人敢跟圆网蛛一比高低。虽说是捕捉一只只小飞蛾，它竟然也需要多么高的技术！不过这是蜘蛛的生存本领。

除此之外，蜘蛛的劳动积极性可是十分高的呢。我们只要了解蛛网的直径和所绕的圈数，就能很容易地得出黏性螺旋丝的长度。仔细观察就能清楚，角形蛛编织新网的时候，每次就能产出 20 米的黏性丝。而丝蛛的更多，能生产出 30 米呢。更让我骄傲的是，我的邻居——角形蛛，在两个月的时间里，一共生产出 1000 多米黏性的螺旋形的管状蛛丝，它每

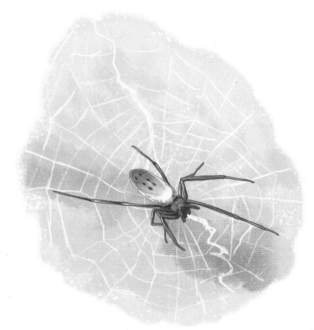

角形蛛每个晚上都在辛勤地编织着它的捕虫网，实在令人佩服。

个晚上都在辛苦地编织捕虫网，这实在令我佩服不已。

随着科学的发展，相信将来一定有更出色的解剖学家，能拥有更先进的工具来观察蜘蛛。那时，我们就能更多地了解这个优秀的纺织工工作的秘密，也能更清楚地发现丝质的材料如何形成那么细的管子，为什么这细微管子又会充满黏性液体并且卷曲成螺旋形。

同一个丝带生产地为什么既能生产出加工框架的辐射丝，也能生产出辅助螺旋丝，还能生产出彩带蛛丝袋里那棕红色的棉团，以及丝袋上的横条黑色装饰带？最神奇的是蜘蛛的大肚子，它究竟是一个怎么奇怪的工厂呢？它究竟能生产出多少种产品？虽然我们看到了生产地制作的产品，但却无法更清楚地知道机器是如何运作的。还是把这些问题留给爱好生物学和解剖学的朋友们吧，希望大家在未来的科学领域能更多了解关于蜘蛛的奇妙技能。

 圆网蛛的电话机

　　随着不断地观察，我们已经了解了蜘蛛的很多技能。那么蜘蛛是怎么互相传送信息的呢？我们再继续探究，或许能了解更多有关蜘蛛的本能。我们已经观察过 6 种蜘蛛，并且已经发现，即使在烈日炎炎之下也会始终如一地待在网上的蜘蛛只有两种——彩带蛛和丝蛛。而其他蜘蛛一般情况下只在夜里才会出现。

離蛛网不远的灌木丛往往是蜘蛛的埋伏地，它们一般在白天驻扎在这里。

在离蛛网不远的灌木丛中，有一处隐蔽而且很简陋的场所，那儿就是它们的天地。看见那挂着蛛网的几片叶子了吗？那里就是它们的埋伏地。白天，它们全副武装，虎视眈眈地驻扎在那里。尽管强烈的光线使蜘蛛感到不方便，却给周边的环境带来许多欢乐。

瞧，蝗虫跳得多欢，蜻蜓比其他时候飞得更轻盈。虽说带黏胶的捕虫网在夜里被损坏了一点儿。别担心，不会影响正常使用的。一个冒失鬼跑来了，还被粘住了，这时，埋伏在一旁的蜘蛛立即冲了上来。它们是怎么知道有猎物上钩的呢？只要我们认真观察就知道了。

其实，它们对于蛛网的颤动非常警觉，不信，咱们用一个简单的实验来证实。在彩带蛛的黏胶网上，我先放上一只因为硫化碳中毒窒息而死的蝗虫，然后将死蝗虫放在了离驻守在网中心的蜘蛛很近的地方。此时正是白天，蜘蛛埋伏在树丛中，而死掉的蝗虫就在离网中心不远的网内。

无论怎么放置蝗虫，最初蜘蛛都没有任何动静，哪怕蝗虫放在离它很近的地方，蜘蛛依然一动不动。它对猎物几乎没有任何反应，似乎没觉察到什么。后来，我用长麦秸轻轻地触碰了几下那只死了的蝗虫，这一动不要紧，彩带蛛和丝蛛都飞快地从狩猎区跑过来了。看吧，其他蜘蛛也从树叶中出来了，大家一起朝蝗虫奔去。它们似乎像对待活猎物一样激动，依然把蝗虫用丝捆绑起来。由此可见，蛛网的震动促使蜘蛛发起了进攻。不过蝗虫颜色发灰，可能蜘蛛看不清楚吧。那么，我就再用最容易引起注意的红色做实验试试吧，可蜘蛛爱吃的猎物几乎没有披着红色外套的，于是，我用红毛线做成个小团子，大小如同一只蝗虫，将它粘在了蛛网上。

我的预料果然没错，这个红色的团子不动，蜘蛛就没反应，可是当我用麦秸触碰这个团子的时候，蜘蛛立刻冲了过来。

一些笨拙的蜘蛛用脚碰碰这个红色的团子，如同往常处理猎物一般，用丝将这个无声无息的团子捆绑了起来，甚至咬了几口，想先将它毒死。

直到咬后，它才知道自己受骗了，悻悻地走开了。不过还有一些蜘蛛则很狡猾，它们和其他蜘蛛一样，快速地向红色诱饵跑去。不过它们只是用触肢和步足先探一探，一旦发现这东西没什么价值，便知道节省丝线，不去做徒劳的捆绑了。

这两类蜘蛛都是从很远的埋伏地奔过来的，那么它们究竟是通过什么方式来获取消息的呢？实验证明，肯定不是靠眼睛发现的。因为它们在找到猎物后还得去咬一咬，踢一踢。这个高度近视眼，甚至无法看清距离自己一巴掌远的东西，而且对于这种习惯在夜间行动的昆虫来说，视力的帮助并不大。

如果蜘蛛的眼睛不能正常地发挥作用，那么它们究竟是如何从远处知晓情况的呢？究竟是什么仪器帮助它们传递信息的呢？或许找到答案并不困难。

现在我任意找来一只白天埋伏在草丛里的蜘蛛，先从它编织的蛛网后面观察看。它从网的中心拉出来一根丝，倾斜着一直拉到它所待的隐蔽处。这根丝是跟中心点有联系的，而和其他部分没有丝毫的关系。从网中心到隐蔽处，这条线是畅通无阻的。不必多想，这根向上的斜线就是蜘蛛

一只白天躲在埋伏地的圆网蛛在它编织的网后面观察着，它从网中心拉过来的丝能及时告诉它网上的动静。

行走的桥梁了。假如有紧急事情，蜘蛛能通过桥梁迅速到达蛛网；任务完成后，它又能及时地返回埋伏处。你一定疑惑，这座丝桥难道仅仅是蜘蛛行走的路吗？假如只想修建一条快速通道的话，只要将丝桥搭建在蛛网的边缘就可以了，没必要这么麻烦啊。

还有，为什么非要以黏性网的中心作为这根丝线的起点呢？其实在这个中心点汇聚了所有的辐射丝，也算是振动的中心点了。网上只要有一点东西颤动，都会传到这里。原来，只要有一根从这个中心点拉出来的线，不管猎物在网上的任何地点挣扎，消息都会立刻传送出去。显而易见，那根丝不仅仅是一座桥梁，它更是一个信息传递器，一根电话线。

也许你还是不太愿相信，那就让我再做一个实验来看看吧。我先将一只蝗虫放在了网上，被粘住的蝗虫一定会死命地挣扎。蜘蛛很兴奋地跑了出来，它们从丝桥上下来，朝蝗虫飞奔而去，依然按照习惯把猎物捆绑起来，随即对它施行了麻醉手术。紧接着，又用一根丝将蝗虫固定在纺丝器上，把它拖到自己的住所，然后就美滋滋地开餐了。

我又给蜘蛛准备了一只蝗虫，试着用剪刀剪断它的信号线，看看会怎样。我小心地不碰到其他的东西，然后把猎物放在了网上。蝗虫仍然在死命挣扎，弄得网也颤动得非常厉害，然而蜘蛛却一动不动，似乎没有反应。

会有人说，你剪断了丝桥，蜘蛛就算得到了信息，也没法过来呀。别胡乱猜想了，大量丝将网固定在了枝桠上，蜘蛛要想过来，有无数条路可以走。但我们的埋伏者依然聚精会神地守候在原处，哪条路也没走。

这究竟是什么原因呢？实验已经说明，它们的电话线断了，没有收到蛛网颤动的消息。它们是看不见正挣扎的猎物的，蝗虫挣扎的时间很长，而蜘蛛却一直不动声色。圆网蛛后来发现有点儿不对劲，于是悄悄地赶过来想了解到底是什么原因。它很轻松地踩到了框架上的一根丝，也非常容易地来到了网中。很快它发现了蝗虫，于是三下五除二把它捆绑起来，紧接着，又去重新搭建信号线。然后，蜘蛛沿着这条路很兴奋地把猎物运回了家。

角形蛛通过电话线得知一只蜻蜓被粘在了它的蛛
网上，便立刻大踏步朝着猎物走过去。

　　大家早已熟悉我的邻居——体型庞大的角形蛛，它的信号线长达3米，
而且能将我要观察的情况很好地保留下来。早上假如它的网几乎完好无损，
而且网上没有猎物，那就说明夜间捕猎的收获不大。我的邻居肯定很饿，
这时我总是情不自禁地用一只猎物充当诱饵，试着看能不能将它从高高的
隐蔽处吸引下来。

　　我先将一只美味的蜻蜓粘在网上。蜻蜓还在使劲地挣扎，整个蛛网
被它搞得震动不安。躲在高处的蜘蛛从埋伏地里出来了，它沿着电话线
大踏步地来到了猎物跟前，快速地将蜻蜓捆绑起来，迅速地从原路将猎
物带了回去。回到自己那舒服的休息区，它便津津有味地享受起这顿丰
盛的美餐。

　　也许有人会建议再做一次实验，把蜘蛛的警报线预先剪断怎样？那

好，我挑选了一只较为强壮的蜻蜓。我耐心地等待，可惜整整一天蜘蛛都没有下来。原因是警报线没了，它不知道 2～3 米之外的树下发生的事情。尽管粘住的猎物完好无损地停留在原地，但它毫不知情。静悄悄的夜里，角形圆网蛛又出现在住所之外，它来到破旧不堪的蛛网前，发现了蜻蜓，便迫不及待地在原地将蜻蜓吃掉，而且顺便把蛛网也修整了一下。

还有一种圆网蛛不知大家是否熟悉？虽然它也保留着装置好的警报线，但装备十分简单，这种蜘蛛的名字叫漏斗圆网蛛。它在春季成长起来，最擅长在迷迭香花瓣上捕捉蜜蜂。它用丝编织了一个海螺壳形状的窝，驻扎在一根长着树叶的小树枝尖端。它就这样待着，将肚子放在窝里，前步足蹬在窝的边缘，等待着猎物的出现。

漏斗蛛和圆网蛛织网的习惯差不多，都是垂直织网，而且网有点宽。正常情况下，蜘蛛的驻扎地距离网很近。此外还有一个角形延伸物将蛛网与驻扎地连在一起。角形延伸物中有一根辐射丝，漏斗蛛就待在它的漏斗里，将步足一直搭在这根辐射丝上。辐射丝来自网的中心地区，能及时感应从网的任何地方发出的颤动，因而能将消息快速传达给蜘蛛。由此我们知道，这根蛛丝既是组成黏胶网的一部分，又能将消息传送给蜘蛛。因此，漏斗蛛没有必要多准备一根专门的线。

我们再来看看其他的蜘蛛吧。它们白天待在一个离蛛网很远的埋伏地，而且必须要有一根专门的线，以便随时与蛛网保持联系。其实，所有的蜘蛛都有它们专门的警报器，但必须要等到年纪到了，需要长时间睡觉和休息之时才会有。只是幼龄的蜘蛛没有这种技术，因为这个年龄的蜘蛛警惕性很强，况且，它们的网保存的时间一般很短。只有老龄蜘蛛为了了解网上发生的情况，才有必要安装警报线。为了避免连续警戒引起的过分辛劳，以及在背对网时也能及时知晓发生的事情，蜘蛛的脚必须一直踩在警报线上。

下面，我们再来说说类似的情况，更加详细地了解这类问题。一只大肚子的角形蛛，把一张约 1 米宽的网织在了两棵月桂树之间。蜘蛛在天

亮之前就早早地离开了，阳光照耀在蛛网上，它却躲在自己的安乐窝里。我顺着它的警报线先找到它隐蔽的驻扎地，发现这个隐蔽处只是由几股丝连起来的树叶做成的，还挺深邃的呢。我可以看见蜘蛛圆圆的屁股，却看不见它的身子及其他部位。它那肥厚的屁股竟然把大门挡得严严实实的！

蜘蛛把上半身藏在屋子的深处，怎么可以看得见自己的网呢？就算它不是弱视，也不可能看得见猎物啊。是否因为太阳光太强烈了，蜘蛛才停止捕猎呢？想必不是，到底是什么原因呢？还是让我们来探讨一下吧。

太妙了！它将一只后步足从树叶盖的房子里伸出来了，而且把警报线连在了这只脚上。假如见不到蜘蛛脚上连着的警报线，我们一定不会知

一只角形蛛从树叶盖的房子里探出头来，因为树叶的遮盖，我们很难看到它的网。

道它的技巧有多么奇妙。一旦发现猎物到来，震动的消息就会及时传到步足，震醒熟睡的家伙。此时，我放在蛛网上的蝗虫一下子惊醒了蜘蛛。

第二天，我切断了它的警报线，看看会发生什么。蜘蛛依然将后足搭在这根线上，我又将两只蜻蜓和蝗虫放在网上，蝗虫甩着带刺的长腿用劲地挣扎，蜻蜓也拼命地扑扇着翅膀，整个网，连带着周边的树叶都猛烈震动了起来，可近在咫尺的蜘蛛却无动于衷，甚至都没有转身看一看究竟发生了什事情。由此我知道，警报线不起作用了，它的消息自然变得闭塞了。一整天它都懒洋洋地待在驻扎处，到了晚上，蜘蛛出来修整网子才发现了这个变故。

晚上的风很大，甚至框架的很多部分都被吹得晃来晃去的，此时我们认为蜘蛛的警报线一定很灵吧！遗憾的是，蜘蛛根本就没将蛛网的震动当一回事，也不见它出来。由此我们不仅吃惊，它的设备比我们现代化的门铃绳还先进吗？它简直就是一部蜘蛛通讯工具——电话机啊！

圆网蛛超人的智慧

通过观察实验，大家对圆网蛛已经了解很多，这里我们来谈一谈圆网蛛的婚姻生活。但它们本性粗野，容易将神秘的夜晚婚礼变成一场爱情悲剧。下面就以我的胖邻居角形蛛为例，看看它们的婚姻生活是如何开始和进行的。

在一个天气晴朗、炎热无风的夏季夜晚，我看到我的胖邻居待在悬挂丝网上，一动不动。它本应该充满热情地在工作啊，今天是怎么了，是不是发生了什么不寻常的事情了呢？

这时我看见附近的灌木丛中，慢腾腾地爬出来一只又瘦又小的雄蜘蛛，它顺着缆绳往上爬去。这家伙还挺会煽情的呢，它似乎在向我那胖乎乎的邻居致意。然而待在偏僻角落里的它，是怎么找到我的胖邻居姑娘的

呢？夜里那样安静，蜘蛛之间没有呼唤声，没有传递信号，到底是怎么联系的呢？

那只雄圆网蛛，似乎很熟悉地穿过了杂乱的树叶，朝正躺在丝线上的杂技表演者径直走去，在没有任何人带领的情况下竟然成功地站在雌蜘蛛的身边。雄蜘蛛很小心地走在缆绳悬挂成的斜径上，谨慎地保持着一段距离。是不是犹豫了呢？难道时机不成熟？其实都不是，是因为雌蜘蛛举起的步足让它有些害怕了。过了一会，它渐渐放下心来，又一次爬上来，爬得更近些。但是，它又一次逃开了。就这样，它不断地走走退退，每一次都离雌性更近些。这种不安分地来回移动，正是它的恋爱告白啊。

最后，雄蜘蛛终于鼓起勇气站在了雌蜘蛛的面前。雌蜘蛛一动不动，表情严肃，雄蜘蛛却已经等不及了呀！干脆用脚尖勇敢地碰碰她试一试。

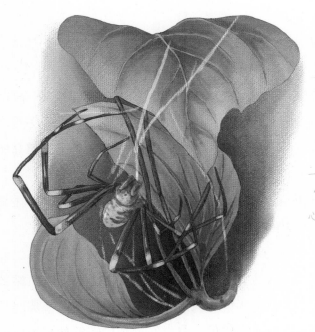

一只雄圆网蛛在灌木丛中顺着"缆绳"往上爬，准备去向自己心仪的姑娘表白。

这个大胆的家伙也被自己过分的举动吓了一跳，竟然从安全绳上垂直地摔下去了。"不能放弃"，它这样想着又重新爬了起来，因为它相信，胖姑娘一定会被它的诚意打动的。

姑娘似乎也很矜持，它用奇怪的蹦跳来回应雄蜘蛛触角的挑逗。它像体操运动员一样，用前跗节抓住一根丝，向后接连翻了几个跟头。这回姑娘的大肚子暴露在雄蜘蛛的面前，这样，它们的恋爱就成功了。

达到了远征的目标后，瘦弱的家伙却赶紧逃跑了。因为交配之后，伴侣就会把自己吃掉的。可是自那以后，就很难看到雌蜘蛛的体操表演了，更不见雄蜘蛛的踪影了。一切恢复了正常，新娘从悬挂的绳上爬下来，把网织好，等着捕猎。蜘蛛需要吃食物才能产生丝，因为猎物的捕捉和卵袋的编织也需要丝，由此，新娘在新婚后必须马上投入工作。

圆网蛛在黏胶捕虫网上耐心地等待。它站在网的中心，头朝上，还大张着八条腿，非常专注地接收着辐射丝传来的信息。我发现，当网上长时间没震动时，蜘蛛就全神贯注地等待着。一旦有可疑动静出现时，蜘蛛就用颤动网的方式来恐吓不速之客。我发现它不用很明显地用力，整个蛛网就颤动起来了。真是神奇啊，蜘蛛身体一动不动，这静止的网突然就动了起来。片刻之后，蜘蛛恢复了原来的姿势，脑海里不停地想着，该如何获取活的猎物。圆网蛛是必须依靠自己的能力才能获得食物的动物，当然有时等待也会落空。

阴霾的日子，我的邻居仍准时从柏树丛中爬出来结着网，它竟然不惧怕暴风雨的来临。天空晴朗的日子，尺蠖蛾在夜间就忙碌起来，开始了它的长途旅行。在明亮的灯光下，我们将再来观察住在荒石园迷迭香里的彩带蛛和丝蛛，看到这场悲剧中最隐晦的细节。

我在黏胶网上放了一只猎物，黏胶网把它的八只脚全部粘住了。它只要稍稍动一下，都会牵动那灵敏的丝，螺旋圈被稍微地拉长，无论猎物怎么挣脱，始终没有办法逃脱。圆网蛛得到震动的信息，急冲冲地跑过来了，先是在离猎物一段距离的地方观察了一番。因为圆网蛛的捕捉方法，

是根据所捕获的猎物的力气大小来确定的。

蜘蛛微微地收缩了一下肚子，用纺织器的尖儿碰了碰面前的俘虏，然后把俘虏用跗节旋转起来。它为什么要转动猎物呢？因为蜘蛛要把猎物绑起来，防止它反抗。通过观察，我们知道圆网蛛的发动机就是它的前步足，捕获的昆虫被它用作了转筒。这种方法是捆绑俘虏最有效的方法，而且还能节省丝线。

蜘蛛还有一些平时使用较少的方法。蜘蛛在快速地冲向猎物之后，如果猎物静止不动，它就围绕着猎物一边转圈一边拉丝，从网的上面和下面分别穿插着丝线，使之成为丝的锁链，这样猎物就被捆绑得结结实实了。因为黏胶丝弹性很强，尽管它在网上穿来穿去，网也不会有丝毫的损坏。

那么，如果蜘蛛捕捉到的是一只具有危险性的猎物怎么办？比如螳螂，这可是蜘蛛平时接触很少的猎物啊，我们试着故意把螳螂放在网上。蜘蛛能接受吗？圆网蛛很谨慎，它不敢与猎物面对面，而是以后背朝向猎物，先用自己的纺丝器瞄准猎物。这时一片丝纱就从它的纺丝器中被发射出来了，然后它用后足撒开丝线，一会儿的功夫，丝全部粘在了猎物的身上。尽管猎物拼命地挣扎，可白花花的蛛丝被抛在它的各个部位上，彻底将它捆绑住了。强大的螳螂不服气，生气地伸展它那带锯齿的长腿，使劲地晃动着螯针，然而遇到慢悠悠的圆网蛛，一切都是徒劳的。

如果向远处发射蛛丝，储存的蛛丝很快会被用光，而使用滚筒的方式就可以节省很多蛛丝。不过蜘蛛必须靠近猎物，这样才能用步足转动滚筒，但这种方法很危险，蜘蛛也不敢冒然行动。不必担心它的丝会用尽，放心吧，多着呢。

其实蜘蛛也不太喜欢铺张浪费，一般情况下它先撒下许多蛛丝，使猎物不能动弹，之后再用转筒的方法。一般情况下，圆网蛛是没有机会跟那么凶恶的昆虫搏斗的。它很谨慎，不管猎物是大是小，总是先将其捆绑

圆网蛛在蛛网上将自己的猎物用丝
捆起来，这些丝就像裹尸布一样将
猎物团团包住。

好后，才会实施使敌人难逃一死的战术。它先轻微地咬一咬，给猎物留下一个并不明显的伤口，然后离开猎物，接着蜇伤就发生了变化。这一切发生得太快了，蜘蛛很快就返回了。

　　假如蜘蛛捕捉到的是衣蛾之类的小猎物，就会在原地将其吃掉；假如捕捉的是大个头的猎物，它就费力把美餐拖到餐厅，甚至有时会津津有味地享用好几天。辐射丝是蛛网的基本构造，只有在无计可施的情况下，它才会用这种方法。被绑得结结实实的家伙离开黏胶网之后，被蜘蛛拖着送到了休息区，接着又被挂在了那里。

　　那么，蜘蛛为什么要轻轻地咬蜇猎物呢？是不是怕猎物在它用餐的时候反抗呢？据观察，蜘蛛的毒汁非常厉害，而且毒性很强。其实蜘蛛不

蜘蛛捕捉到衣蛾之类的猎物就会在原地吃掉，倘若是个大个头的猎物，也会将它拖到餐厅，有时甚至要美美地享用好几天。

是为了吃肉，它主要是通过吸食猎物的汁液来获取营养。而那些被蜘蛛咬过的昆虫未必那么快就死掉，实验已经证明了这一点，猎物不是被咬死的，而是中毒死去的。蜘蛛很狡猾，它要在猎物死掉而且血液凝固之前，留下充足的时间去吸食猎物的汁液。

　　继续观察还会发现，假如蜘蛛捕捉的猎物很庞大，它用餐的时间自然就长一些。它知道在吃完之前，猎物有残存的一丝生命，这为自己吸光汁液留下了充足的时间。就那么轻轻地一刺，一切就做完了，剩下的事情都交给毒汁去办好了。

　　如果猎物突然死于蜘蛛的咬螯之下会怎样呢？我们来看角形蛛和大蜻蜓斗争的情况吧。我亲自将这个蜘蛛很难捕获的猎物粘在了蜘蛛网上，网颤动得很剧烈，突然间，蜘蛛从绿色隐蔽处猛地窜出，扑向了庞然大物。它依然朝着猎物发射出一束蛛丝，接着用步足紧紧勒住猎物，彻底将它制服。蜘蛛将嘴上的弯钩插进猎物的后背，长时间地咬住。

　　这么长时间！蜘蛛把弯钩深深地插进了肉里，然后放心地离开了，它耐心地等待着毒汁发生作用。此时，我取下蜻蜓，它已经死了！确实是死了，遗憾的是我居然看不出它哪里受伤了。蜘蛛的弯钩真的好厉害啊！与响尾蛇、角蝰、洞蛇这些臭名远扬的杀手比起来，蜘蛛的杀伤手段要高明得多。

　　昆虫一般都害怕圆网蛛的毒素，那么它对于我们人类会怎样呢？实验证明，能让昆虫失去生命的东西对我们来说未必有害。不过可千万不能乱来，假如我们跟捕捉昆虫的能手——狼蛛触碰，那可就要付出沉重的代价了。

　　仔细观察后我还知道，蜘蛛用餐的方法也不是一成不变的，有时它也会将蝗虫坚硬的外壳戳开，吸食猎物的内脏和肌肉。不过，无论是螫伤还是杀死猎物，蜘蛛总是很随意地咬下一个地方。它在任何猎物身上都是这么做的，包括自己的同类。

　　除此之外，蜘蛛还是一个出色的几何学大师呢，它对事物的形状有

着与生俱来的精确判断。关于这一点，大家一定很疑惑，圆网蛛是如何快速分辨出各种各样的形状的？了解蜘蛛的朋友都知道，蜘蛛有着连人类都自愧不如的几何学天赋。蜘蛛所编制的蛛网，所有的辐射丝长度都相等，丝与丝相交所产生的角约有 40 多个，而这些角的角度也几乎完全相等。蜘蛛将需要织网的平面分成许多具有相同弧度的扇形，这种操作看起来很随意，但制造出了只有用圆规才能画出的规则圆网。

通过观察我们还能注意到，每一个扇形面内所有的横线几乎都是平行的，而且离中心越近，横线之间的距离就越小。我们还会发现，所有扇形面内，这些角的角度是一定的。不得不说，蜘蛛真是一个出色的几何学大师！

一直到今天，蜘蛛总是能将曲线画得很好。而且蜘蛛不仅精通菊石的几何学，还能画出蜗牛独特的对数螺线。大家知道，即便是有着很高智慧的人类，如果先前没接受一定的教育，也很难学习高等几何学。

圆网蛛的这种高超技艺究竟是怎么得来的呢？仔细观察就不难发现，它的步足是可以自由伸缩的，起到了圆规的作用。步足弯曲的角度可大可

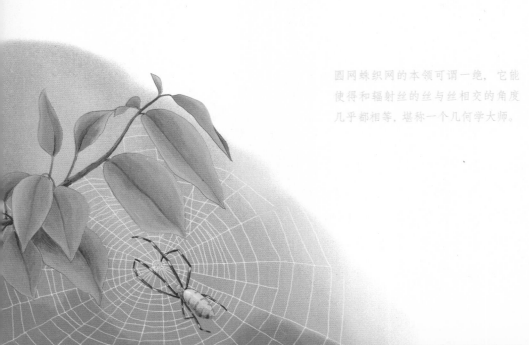

圆网蛛织网的本领可谓一绝，它能使得和辐射丝的丝与丝相交的角度几乎都相等，堪称一个几何学大师。

小，向前伸展的长度可长可短，还可以控制螺线横穿辐射丝的角度，因此，能让构成扇面的每条横线都是平行的。

通过观察我们还知道，彩带蛛的步足比丝蛛的长，因此它的蛛网横线间隔就比丝蛛的间隔宽。不过我们知道，角形蛛、苍白圆网蛛以及冠冕蛛与彩带蛛相比，个个又矮又胖。况且它们的黏胶螺旋线之间的宽度与彩带蛛也差不多，只是后两种蜘蛛的螺旋丝宽度比彩带蛛稍宽。圆网蛛织网时先编织辅助螺旋丝作为支撑点，随后再编织黏胶螺旋丝。我们知道，辅助螺旋丝没有黏胶，是一种普通的丝。它源自中心，一点点到达边缘，圈的宽度就一圈比一圈大。捕虫网的基本部分是第二个螺旋丝，它以紧密小圈的形式由边缘向中心方移动，而且它是由黏性横线构成的。

此时，因为设置发生了改变，方向、圈数和相交角都不相同的两种对数螺线就出现了。难道这种方法是圆网蛛预先设计好的吗？还是提前做了计算，或者蜘蛛有特殊的测量仪？通过实验已经证实，这本是蜘蛛与生俱来的技艺。其实是圆网蛛在自己根本不知道的情况下，做了高度精确的几何计算。

几何，也就是平面上的和谐。由此我们不难想象，蜘蛛对任何物体的形状都有一种本能的辨别能力，所以蜘蛛在捕捉猎物时有着比其他昆虫更高超的绝技。

精通战术的圆网蛛

大家都清楚，我们人类都拥有自己的一份产业，无论是你的房子、车子还是你的其他东西，只要属于自己的财产和产业，我们都非常珍惜，而动物也是如此。那条躲在阴凉处的狗，它的两只爪抓住它找到的那根骨头，那么认真地观察着。要知道这根骨头就是它宝贵的财产和产业啊。假如有另一条狗和它争夺，它会豁出命来去守住骨头，因为这是属于它自己

的产业，不可被侵犯。那么圆网蛛的产业是什么呢？当然就是它辛苦编织的蛛网了。

你一定会想，狗发现的东西，用不着自己去做，只是意外发现的。而蜘蛛比那个发了意外横财的业主要高明许多，因为它的财富是自己创造的。所以与狗的骨头比起来，蜘蛛的网更有资格成为产业。它的产业是依靠自己的聪明才干建立的。

最令人们感动的是思想者的工作，他们编织了类似蛛网的书，用思想传递知识，令人钦佩。人类还制定了法律制度，来保护类似狗骨头的东西。可对于书，人类的保护手段却是可笑的。任何人都可以窃取文字建造的思想大厦，轻易地吸取其中的精华，甚至占有整座大厦。兔子窝可以是产业，但思想的硕果却不是，是不是很可笑呢？

人们都知道，优秀不是用成功来衡量的。例如历史上那些所谓的成功者，最后常常沦为人类的头号公敌。因为他们崇尚"力量要胜过权力"这句野蛮的话，甚至使之成为真理。我们充其量只是世界的一个小小分子，在茫茫的宇宙里更是微不足道，而世界正朝着"权力胜过力量"这个目标慢慢地前进着。

众所周知，人类有许多发明，譬如自行车、汽车、可控的汽艇，甚至有些发明能让人把骨头粉碎；然而这一切对于道德的提高没有任何帮助。随着我们对物质的进一步征服，人类的道德反而退步得更加厉害了。可悲的是，利用机枪和炸药杀人，是人类最先进的发明。

我们需要思考的是，成为最强者的理由的真谛是什么呢？仔细观察圆网蛛就会知道，蛛网就是圆网蛛的合法财产。但它通过商标来区分自己和同胞的织物了吗？那么就让我们对换相邻两只彩带蛛的网试一试。被调换的两只蜘蛛对对方的网都非常满意，进门就头朝下坐在中心区不动了。一天的时间里，它们都没有回家的意思，它们是否都把对方的网当成了自己的家呢？因为它们的网非常相近，当然不会有不同的反应了。

虽然网是蜘蛛的合法财产，但是圆网蛛并不
认得自己的网。

那么让我们再换两只种类不同的蛛网试试吧。现在把彩带蛛和丝蛛的网互相换一下看看。不同之处是，彩带蛛的网圈数较多且黏胶螺旋圈较密。再看它们进入陌生的环境会有什么反应呢？

它们都有点不安了，两只蜘蛛都觉得网眼的大小不太合适。一个似乎觉得太大，一个似乎又觉得太密，它们会对这突如其来的变化感到紧张，甚至仓皇而逃吗？事实上，它们却像什么也没发生一样。你看它们依然在丝网的中心等着猎物送上门来，丝毫没有在这张不同的网损坏之前去编织另一张新网的意思。

由此可知，圆网蛛并不认得自己的网，甚至分辨不出不同种类的别的蜘蛛所织的网，很多悲剧往往就是这样发生的。我从田野里捉来各种各样的圆网蛛，把它们放在荒石园的灌木丛中。很快，许多蜘蛛就把家安在了挡风并且朝阳的迷迭香树篱上。

我把这些捉到的圆网蛛放到树丛里，任由它们四处安家。我发现，正常情况下，蜘蛛整个白天都在最初被放置的地方一动不动地待着，只有到了夜晚才各自寻找织网的合适地方。

有的蜘蛛很没有耐性，原来它们可能会在某个地方织一张网，如果网没有了，对它们来说，去找回网和去抢一张别的蜘蛛的网，完全没有区别。一只彩带蛛爬向了一张丝蛛的网，这只丝蛛也是几天前才在此定居下来的。而看丝蛛的表现，它似乎很有气度，镇静地坐在丝网中间，等待着入侵者的到来。

一场你死我活的肉搏在转瞬之间就开始了，在搏斗中丝蛛失败了。它被彩带蛛用绳索捆了起来，拖到没有黏胶的区域吃掉了。丝蛛的尸体在24小时后被吮吸干净，一滴汁液都没剩，最后被残忍地抛弃了。侵略者就是这样，靠残暴的手段把别人的网据为己有，而且是心安理得地享用。只要不是破损得实在不能用，彩带蛛还舍不得换新网呢。

也许有人会辩解，它们不是同类的蜘蛛，为了生存而进行的斗争和残杀是不可避免的。那么同类的蜘蛛，情况又怎样呢？我试着把一只彩带

在彩带蜘蛛和丝蛛的肉搏中，丝
蛛被彩带蜘蛛用绳索捆了起来，
遭到了惨败。

蛛放到另一只彩带蛛的网上。疯狂的战斗发生了！短时间内难以分出胜负，最后，战争竟以入侵者的胜利而告终。胜利者并没有因为战败者是自己的同类就嘴下留情，依然心安理得地吃掉了它，也心安理得地霸占了战败者的网。

蚕食同类，霸占财产，这就是最强者的真实嘴脸。可弱肉强食不正是自然界的生存法则吗？就连人类，也是强者战胜弱者，弱者沦为强者的阶下囚。

了解了这些，我们就不要对圆网蛛的这种行为横加指责。因为它的生命并不是靠残杀同类得以维持的，它也并不把掠夺别人的财产当做自己的生活目的。因为这种卑鄙的行为只发生在特殊的情况下，就如我们随便把它从自己的网上拿到别人的网上一样。在它们看来，谁的网区别都不大，自己的脚站在哪里，哪里就是自己的产业。如果入侵者强大，就会吃掉原

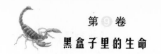
来的主人，很自然地把弱者的抗议践踏在脚下。

其实，圆网蛛是既珍惜自己的网，也爱惜别人的网的。它之所以抢夺同类的网，只是因为自己的网丢失了。抢劫为什么不会发生在白天呢？因为它们织网的工作不在白天进行，晚上才是织网的大好时机。它们发现自己赖以生存的东西被剥夺了之后，才横下心来用自己的强大对邻居进行侵略，甚至把对方大口吃下去。

我们再来观察一些习性不同于普通蜘蛛的蜘蛛，彩带蛛的颜色和形状与丝蛛是不一样的。彩带蛛的肚子是圆圆的橄榄形，腰间缠绕着漂亮的黄、白、黑三色带子。而丝蛛有着凹陷的肚子，肚子周围有一圈白丝布，边缘处还有着月牙状的修饰物。单从外形上看，这两种蜘蛛是截然不同的。

然而，天赋是比外形更为重要的特征，我们在对昆虫进行分类时，

圆网蛛去掉夺同类的网一般是因为自己的网丢失了，它不得不狠下心来侵犯强大的邻居。

要考虑到外形特征，更要考虑到天赋这个主要特征。这两种蜘蛛虽然外形完全不同，却有着极为相似的生活方式。因为它们都不喜欢离开自己的网，而且又都在白天捕猎；况且它们的网模样几乎一样，上面都带有"之"字形的曲线。这样，丝蛛被彩带蛛吃掉后，彩带蛛才会心安理得地认为丝蛛的网就是自己的网。当然了，强大的丝蛛也会掠夺彩带蛛的网，它也会把彩带蛛吃掉。强者在获得胜利后，总会洋洋得意地在手下败将的网上生活。

我们再来看看冠冕蛛的情况吧，它有着棕红色的蓬松纤毛，背上还有 3 个十字，是用大大的白点组成的。可它惧怕阳光，所以它的捕猎主要在夜间进行，白天它躲避在小灌木丛中的阴暗角落，靠一根灵敏的电话线把自己和捕虫网联系起来，我们前面研究的两种网在结构和外形上与它的网是差不多的。

下面我们试一试让一只彩带蛛去拜访它，看看会有怎样的结果。阳光下，3 个十字非常抢眼，电话线稍一震动，躲在树叶中的业主就急匆匆地跑出来，大步巡视着它的领地。当发现危险出现后，它不但不对入侵者采取任何行动，还匆忙地跑回去，在自己的隐蔽所躲了起来。假如我们把彩带蛛放在同族或者丝蛛的网上会怎样呢？那么，它可就不留情了，它会置对方于死地，战争结束后它会得意洋洋地占据网的中心区域。不过这次它看起来不太高兴，因为自己即将侵占的地区没有任何可阻止它的东西。网上空荡荡的，所以它没有改变自己的位置，仍然老老实实地待在原来被摆放的地方。

我用一根长麦秸轻轻地刺激它、挑逗它，它表现出很受惊的样子，却一动不动。假如在它自己的领地受人玩弄，彩带蛛一定像其他蜘蛛一样，激烈地抖动它的网来恐吓侵略者。仔细瞧一瞧就知道了，此时在屋顶的平台上还有另一只蜘蛛窥视着它的一举一动呢。

我用麦秸碰了碰它，让它往前了几步，可它步履蹒跚，抬脚困难，差点把支撑线给弄断了。这可不像从前那个优秀的钢丝表演者。难道它自

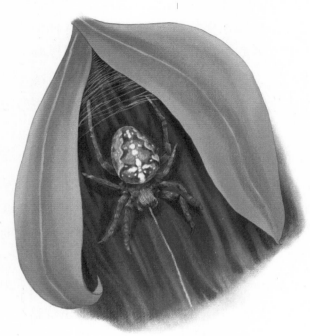

冠冕蛛白天躲在灌木丛的阴暗角落，依靠一根电话线把自己和捕虫网联系起来。

己的网的黏性不如这里的黏胶网的强，或者是这张网上的黏性不符合它脚上的油的黏性要求，也或许是胶的质量不一样吧。

就这样，时间一点点地过去了，可网边上的彩带蛛依然不动声色，冠冕蛛继续躲藏在它的隐蔽所里。不过细心观察能看得出，两只蜘蛛都表现出十分不安的样子。夜色降临了，蜘蛛出来了，从绿荫丛中的小地方默默地走下来，重新开始了它的工作。它顺着电话线径直地走到网的中心区，丝毫没有理睬外来者的意思。彩带蛛纵身一跃，在浓密的迷迭香丛中消失得无影无踪，难道它被冠冕蛛的出现吓坏了吗？

我又做了多次实验，结果都是一样的。彩带蛛原来胆子挺大的，现在却变得非常胆小，害怕向冠冕蛛发动进攻。它不放心别人的网，想必即使不是因为网的结构不同，至少也是因为网的黏性不同吧。回想一下，白天，冠冕蛛在自己的领地里静静地待着，偶尔匆匆看一眼外来者，又马上跑回自己的地盘，安静地等待着夜幕的降临。黑夜给了它勇气，它才又重新振奋起来。在这里，它只要稍微用力推几下，就能将入侵者赶走，守护自己的产业。

不难看出，蜘蛛是很谨慎的，它对于外来者侵入的重视是有道理的。第一，它对于暗处的埋伏一无所知，不敢贸然行动；第二，它的网和对方

冠冕蛛和彩带蜘蛛在庄园里的树丛中相遇了，它们在彼此算计着对方的战斗实力，都显得很谨慎。

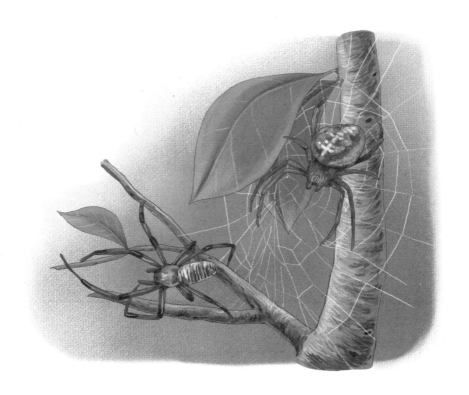

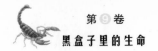

的网黏性不同，使用起来不方便，这样掠夺起来自己很危险。假如彩带蛛遇到的网是丝蛛或者是另一只彩带蛛的网，情况就截然不同了。因为它们编织丝网的方式类似，所以进攻就会变得非常顺利了。那样，业主的肚子会被它凶狠地咬破，进而它就占领了业主的产业。由此看来，蜘蛛也是精通战术的。除此之外我们还要明白，弱肉强食是动物界的普遍现象，除非自己的力量达不到，否则它们是不受任何约束的。

第三章
蜜蜂的天敌
——满蟹蛛

昆虫档案

昆 虫 名：满蟹蛛

英 语 名：Thomisus onustus

身世背景：全世界各地均有分布，法国的大部分地区也有分布；寿命很长，最长可达 100 多年

体型特征：身材中等偏小，但腹部比头部大得多，外形美丽，有带毒的大颚

生活习性：常常在低矮的植物间活动，以各种小型昆虫为食；习惯横向移动，很像螃蟹，又被称为"蟹蛛"

食　　物：蜜蜂

蜜蜂的天敌

你听说过满蟹蛛吗？或许对它不了解吧？今天，让我们一起来探讨一下满蟹蛛特有的生活习性。从分类角度来说，我们将大规模迁徙的蟹蛛命名为满蟹蛛。人们习惯用拉丁语为动植物命名，取的便是谐音，因此，人们偏向于用朗朗上口的名字来为动植物命名。

人们容易记住的，往往是那些通俗易懂又形象生动的词汇，而将那些晦涩难懂的词汇抛诸脑后。那么，人们将这类蜘蛛称为蟹蛛，是否因为其跟螃蟹有相似之处呢？

满蟹蛛的两条前足比后足粗壮许多，走起路来像螃蟹一样，横着走，体型也跟黄蟹有些类似。这样看来，为它取名满蟹蛛，倒也不是没有道理呀。这种蜘蛛不会织网猎捕，它们常常躲在草丛里，等着猎物的出现。猎物出现后，它不用网去捕捉，而是敏捷地扑上去，掐住猎物的脖子将其制服。常见的家蜜蜂恰恰是满蟹蛛捕猎的主要对象，它们可真是一对冤家对头。

大家都知道，蜜蜂爱好和平，成天忙着采蜜，辛勤劳作，是令人佩

满蟹蛛偷袭了一只在花丛下工作的蜜蜂，死死地掐住了它的脖子。

服的劳动能手。它们在干活时十分专注，因而常常被躲在花丛中的满蟹蛛偷袭。当蜜蜂的肚子被采集的蜂蜜装得鼓鼓的时候，满蟹蛛乘其不备，发起了快速进攻，扑上去掐住它的脖子，将它杀死了。可怜的蜜蜂不管如何挣扎，最后还是无奈地死掉了。得逞后的偷袭者趴在蜜蜂身上，忘情地吮吸着它的汁液，直到将它吸得干干净净，再无情地扔掉那已经被吸干的蜜蜂尸体，回到花丛中埋伏起来，等待着下一个猎物的出现。

看到这一幕，大家一定会为死去的蜜蜂鸣不平，它们是那么辛勤而快乐地劳动着，为什么游手好闲的满蟹蛛要由勤劳的蜜蜂养活呢？在极其疯狂的掠夺战争中，在遇到恶魔的满蟹蛛时，蜜蜂的努力显得那样苍白无力，多少像蜜蜂一样勤劳的动物被残忍杀害了，而胜利者却是那些不劳而获的剥削者！

满蟹蛛虽然对待猎物十分残忍，但它确是一个忠于家庭的模范分子。它十分宠爱自己的孩子，会为它们找来最鲜嫩的肉汁。当然，至于那些被它残忍杀害的昆虫，它可顾及不了那么多。在这里，它只是一个伟大的家长，为了家庭尽忠职守，至于那些死伤者的苦痛，它是毫不关心的。

大部分蜘蛛在制服猎物后，会用绳子捆绑住猎物，随心所欲地处理它。可满蟹蛛不会这样干，它会在捕捉猎物时便咬死它，不给猎物任何的反抗机会。这便是这个冷酷的杀手的处理方式，并且一直是它所坚持的方式。

不要总认为挺着大肚子的，就是捕杀蜜蜂的凶手。其实所有的蜘蛛差不多都有存储丝的大肚子。一些蜘蛛肚子里的丝能制作成细丝线，而且所有蜘蛛的卵袋都差不多，在这一点上，满蟹蛛和其他蜘蛛一样。这个筑巢高手把给孩子保暖的材料储存在自己的肚子里，但从外表来看，它并不显得十分臃肿。大多数蜘蛛都步伐稳健，走起路来小心翼翼，当然，也不乏个别惊慌失措者。

地中海地区的五月是个特殊的季节，那些生活在低矮的灌木丛中的蜘蛛们都非常活跃。法国蜜蜂的杀手——满蟹蛛从没离开过橄榄树的故乡，

满蟹蛛最喜欢的是岩蔷薇灌木，
这种植物的花朵很大，呈玫瑰色，
总是皱巴巴的。

原因是它很怕冷。它最喜爱的是岩蔷薇灌木，那种植物的花朵很大，皱巴巴的，呈玫瑰色，但开的时间很短，仅仅一个上午就凋谢了，然而第二天早晨，新的花朵又盛开了。在这里，大概五六个星期里，每天都有盛开的鲜花。

花开时节，辛勤的蜜蜂经常来这里采集花粉。它们在雄蕊宽大的花瓣上忙碌着，浑身沾满了黄色的花粉。然而大群蜜蜂的到来惊动了蜜蜂的杀手——满蟹蛛，在一片花瓣构成的玫瑰色帐篷下，满蟹蛛紧盯着它的猎物。它知道每朵花上都有一些蜜蜂趴在花上忘我地采蜜，便看准时机出手了。如果我们在花丛中发现了一动不动，伸直了腿和舌头的蜜蜂，就会知道，那一定是满蟹蛛这个冷酷的杀手在吮吸蜜蜂的汁液呢。

接下来，我们再来看看满蟹蛛的长相。它有着金字塔形的躯干，躯干上面挺着个累赘的大肚子，肚子的左右两侧还各有一个隆起的驼峰状乳。但它有着比绸缎还要柔和的皮肤，长相十分漂亮。大家如果对它的残忍行径不甚了解的话，一定对这个外表俊美的家伙喜爱有加，因为它长得实在很讨人喜欢。满蟹蛛的皮肤有些是柠檬黄的，有些是乳白色的；一些满蟹蛛腿上还有着玫瑰花的花纹，乍一看，像带着漂亮的镯子呢。瞧，这个爱美的小家伙，胸部的两侧还佩戴着一条绿色的细带子，背部则装饰着胭脂红的曲线。从它那简单大方又不是精致的装扮和对各种色彩的搭配上看，满蟹蛛确实有着超强的审美能力啊，不过跟彩带蜘蛛比起来，它们的色彩还是要稍显单一。这身漂亮的装扮为它加分不少，不管它多么作恶多端，人们看到它那俊美的外表，也对它平添了几分好感。

这个蜘蛛中的大美人首先要做的是建造一个合适的巢穴。满蟹蛛可是十分有经验的建筑专家，它喜欢把窝修建在高处，在它平时捕猎的岩蔷薇上。首先，它要选一根长长的枯枝，在枯枝上那卷成一团的枯树叶里筑窝产卵。

满蟹蛛轻轻地上下摆动，把那一肚子的丝拉向四周，织成了一个纯白的、不透明的袋子，就这样周围的树干树叶都被缠绕着合为一体。那个被织出来的圆锥形袋子插在树叶夹角里，像丝蛛织的袋子一样，只是体积略小一些。

满蟹蛛和其他蜘蛛一样，充满了生活智慧。你看，它把卵装进袋子，

满蟹蛛很有建筑经验，它喜欢把窝建在岩蔷薇的高枝上。

然后小心地把容器封闭好，接着在卵袋上用几根丝织成一个薄帘做了个床顶，再用弯曲的叶尖做成了一间凹室，便为自己产卵准备了一间舒服的房间。

其实，满蟹蛛母亲的凹室既是个掩体，又是个监测室，还是疲劳的产妇产后休息的地方。在孩子们大批迁移前，母亲就一直平趴着坚守在那里。产卵和消耗大量的丝使它现在变得很虚弱，但它仍然为了保护巢穴而坚强地活着，所以说，母爱是伟大的。

假如有危险临近，它会怎样呢？它会从监测室里快速地跑出去，不顾一切地保护巢穴，尽可能地用腿去驱赶那些不速之客。如果有调皮的孩子用根草去骚扰它的巢穴，它会拼了命地反击，像拳击选手一般，猛烈击打骚扰它的东西。它还会牢牢抱住丝织的地板，尽可能地阻挡你对它的进攻。别用力，别伤着它，试着让它挪个窝怎样？它绝不会服从，看来不用些工夫还真办不到呢。它时刻保护着自己的宝贝，即便把它引出来，它又会立即跑回去。

满蟹蛛和纳博讷狼蛛一样，只要有人企图抢夺它的宝贝，它会勇敢地搏斗。不过它们虽然勇敢和忠诚，但有时也会犯糊涂，和狼蛛一样分不清自己和别人的卵。它也分不清自己织出的物品，会毫不迟疑地接受替换掉的陌生小球。

满蟹蛛的感情是盲目的，冲动而机械。如果把它放到形状相同的另一个巢里，它也会安然地住下，就算发现不是自己的家，可它依然会像保护自己的巢一样，拼命地保护它，保持着高度的警惕性。只要它的脚下有丝踩着，它就认为自己是正确的。通过实验我们发现，相较于狼蛛在母性上的狂热盲目，满蟹蛛稍微聪明一些。

五月底是满蟹蛛的产卵期，不管白天还是黑夜，雌满蟹蛛都平卧在巢顶上，不再走出掩体，就连它平时十分喜爱的蜜蜂也不感兴趣了。这时就算蜜蜂在它身边嗡嗡地叫着，它也丝毫不在意这个捕食的最佳机会，它靠母亲的忠贞维持生命，尽管值得赞美，却没有营养补充身体的需求。它越来越干瘪瘦弱，消瘦的满蟹蛛在苦等着什么呢？这个快死的母亲在等着自己的孩子出生，孩子对于它来说是最有意义的。

满蟹蛛的袋子是不会自己裂开的，里面体弱年幼的小满蟹蛛是不可能把太厚太结实的布料扯破的，这些需要母亲的帮助，而作为母亲能感觉到孩子急躁的踩脚声。临终前，满蟹蛛母亲用大颚把卵袋咬开，最后一次为孩子做贡献了，这就是它坚持活3个星期的目的。完成这项任务后，它就很安然地死去了，在它的窝上紧紧地贴着，成了一具干尸。了解了这些，大家可能会有些悲伤，突然意识到满蟹蛛母亲也有它伟大的一面，对它产生了一些敬意。

小满蟹蛛在七月初出生了，这时我将一根很细的树枝安在它们出生的罩子顶上，引领它们表演杂技。它们全部钻出了网纱，快速地聚集在荆棘顶上，用丝编织了一个临时营地。头两天它们还安静地躲在里面，接着就在物体和物体之间架起一座天桥。别错过这个机会！我试着在有阳光照射的小桌子上放一把爬着小蜘蛛的荆棘，立刻就有小蜘蛛缓慢而混乱地迁移了。它们犹豫着，有的还吊在丝上，这些吊在丝上的小满蟹蛛有的垂直

满蟹蛛母亲听到卵袋里孩子们急躁的踩脚声，就会把卵袋咬开，因为卵袋不会自行裂开。

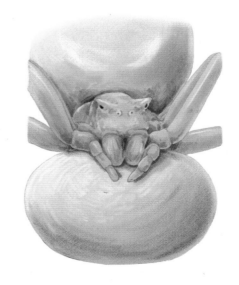

落下来，又被向上回收的丝带了上去。

我在烈日炙烤的窗台上又试了试，在上面放上爬满小蜘蛛的荆棘。这会儿就完全不同了，小蜘蛛爬到了树枝预上，并且不停地乱动。几千条腿从纺织器里向外拉丝，像一个令人炫目的制绳车间，任凭微风把制好的缆绳带走。同时出发的三四只蜘蛛，不久后便分头行动，向着各自希望去的方向移动而去，身后的那根丝还可以看得见。它们在到达某一个高度后就不再前进了，在阳光的照射下，小家伙们闪着光，慢慢地摇荡着，紧接着又十分突然地飞了起来。

瞧，发生什么事情了？原来是微风吹断了飘荡的丝，降落伞带着它们出发了。有的飘落在一片墨绿色的柏树林上，看起来像一个光点，上升后便消失在柏树林那边，其他蜘蛛也高低不一地朝不同的方向飞去，多么精彩的一幕啊！

疏散的时刻到来了，此时，迁徙者像子弹一样不停地从荆棘顶上被投射出来，发射升空，像花束一样绽放，又像烟火一样绚丽多彩，多么令人震惊的一幕啊！它们飞在半空中，发出焰火般的闪光。伴随着这隆重而光荣的仪式，小蜘蛛们怀着高昂的热情，精神抖擞地抓紧了飞丝，向着更高更远的地方进发了。

大家不用担心，出于生存的考虑，它们一定会在或远或近的某个地方降落下来的。为了休息和进食，它们必须降落下来，那么，在它们还没有长大，还没有能力捕捉猎物之前，它们吃什么呢？靠什么活下来呢？关于这个问题，我们以后再继续探究吧。

第四章

潜能的工艺造筑师

——迷宫漏斗蛛

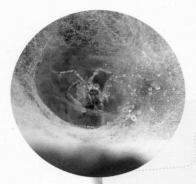

昆虫档案

昆 虫 名：迷宫漏斗蛛

英 语 名：Agelena labyrinthica

身世背景：属蜘蛛目漏斗蛛科，中国的广西、广
东、云南、福建等地都有分布，是一
种重要的害虫

体型特征：身体呈椭圆形，雄蛛腹部窄小，明显
比头和胸部窄很多；雌蛛腹部，背面
正中有 7 到 8 对"人"字形斑纹

生活习性：大多栖息在低矮的草丛、灌木丛中，
因为善于结漏斗状的丝网而得名

绝 技：高超的织网技术

蜘蛛的纺织技能

在前面，大家已经听过圆蜘蛛的故事了，知道了它那卓越的纺织技巧，其实，自然界中还有许多有趣的蜘蛛，它们的故事也非常值得了解。接下来，我们就来看看一种十分擅长捕食和繁殖的蜘蛛——原蛛吧。

原蛛和狼蛛一样，栖息在洞穴里，但它的洞穴却比生活在灌木丛中的狼蛛的住宅要豪华得多。我们已经知道狼蛛只会在井口周围搭建简单的护栏，而原蛛比它要聪明，它能将一个活动盖安在井口的周围，而且原蛛的活动盖是自动化的。只要原蛛一到家，活动盖会自动地落下来，而且会正好落在槽沟里，槽沟和活动盖正好吻合，这种精湛绝伦的设计，让原蛛无愧于建筑设计大师之称。如果你想将活动盖打开，原蛛会紧紧贴着墙壁，将自己的足插入铰链另一边的一些孔里，就像在门口拉上门闩一般，固定住大门，将企图进入者拒之门外。

水蛛算是另外一种比较出名的蜘蛛。它用丝在水里为自己建造了一个潜水罩。这个潜水罩里可以储存空气，是一个呼吸设备。通过它，水蛛可以躲在阴凉处，等待机会偷袭猎物。在炎热的天气里，那可是一个避暑的好地方。

如果常在田野里搜寻，那种很普通的迷宫漏斗蛛是很容易被发现的。迷宫漏斗蛛喜欢住在荒芜的田野，或者高低错落的丘陵以及光秃秃的山坡上，荆棘丛是它们的乐园。七月炎热的早晨，许多缀满露珠，泛着光的银线吸引了我们的注意，我们禁不住喊道：这不就是悬挂在高处的蛛网吗？

这些如节日彩灯般闪烁着光辉的丝网，令孩子们兴奋不已，我也一样，为这如水晶宫般的美丽奇景喜悦激动，心想，能看到如此美景，起个大早也是十分值得的。大约半小时后，这瑰丽的景象随着露珠的蒸发渐渐消失

了。这时你细心观察就会发现，这只蛛网大约有手绢一般大小，而分布很紧密的蛛线以任意角的形式将网固定在岩蔷薇上。

通过观察我们发现，荆棘丛上覆盖着一层白色的蛛网，蛛网四周像火山口一般凹下去，看似一个喇叭口，大约有一拃深。令人颇为奇怪的是，蜘蛛不会因为陌生人的到来而感到惊讶。眼前的蜘蛛浑身呈灰色，胸前有着两道黑色的装饰物，还夹杂着一些浅白色和棕色的小点，腹部末端有着肥大的纺丝器。瞧，它的纺丝器还可以灵活转动呢，这在蜘蛛家族里可是罕见的。

这种蜘蛛编织蛛网的方式也很特别，它的蛛网边缘稀疏，越往中心丝线越密，由有着细细纹路的布变为了绸子，再慢慢变为粗菱形格状网。蜘蛛最常待的地方是蛛网的漏斗颈部，这里蛛丝稠密，不易被弄破。

每一天，蜘蛛都在自己的蛛网上辛勤劳作着，还细心地用新丝将网一点点扩大。它有着一丝不拘的工作态度，清楚地知道蛛网的哪个地方需要修补，哪个地方不需要修补。蛛网内的辐射丝分布均匀，瞄准了洞口，

漂亮的银色丝网是迷宫漏斗蛛在灌木丛中编织的网，这是一层白色细布一样的蛛网。

而漏斗颈部是开放的，里面隐藏着一扇看不见的门。逃命时，蜘蛛便从这扇看不见的门里逃走，穿过草丛便能逃之夭夭了。

这时我略施小计，那只蜘蛛就停在了管口。我迅速兜紧蛛网的底端，顺利抓住了它。实在不行，我还可以用草伸进网中拨弄几下，将蜘蛛逼到我的袋子里。就这样，这些完好无损还神气活现的小家伙，便被我收入袋中了。对于优秀的猎手来说，出色的捕捉器是抓住猎物的必要条件。我们发现，迷宫漏斗蛛的迷宫精巧无比，丝毫不逊色于圆网蛛那精心编织的黏丝网。

这个迷宫错综复杂，难以破解，其最大特点就是重重交织，完全不同于圆网蛛的黏丝网。接下来，我们看看迷宫漏斗蛛是如何捕捉猎物的。我往它的迷宫里扔了一只小蝗虫，蝗虫站在丝线上拼命挣扎，可在洞口悄悄观察这一切的蜘蛛似乎有些不感兴趣，无动于衷，完全没有要去猎捕这只蝗虫的意思。原来呀，它是要等被蝗虫晃动得十分剧烈的丝线自动将猎物弹到网中来，真是狡猾啊。

一只漏斗蛛发现了蝗虫，它大胆地向蝗虫靠近，准备咬住猎物。

蝗虫终于掉下来了，这时，蜘蛛迅速地扑了上去。这只充满了危险气息的蝗虫，腿上还挂着几根挣断的蛛丝呢。漏斗蛛不像圆网蛛一样，牢牢捆绑住猎物，而是先大胆地拍了拍猎物，随后张开螯牙啃咬猎物。虽然猎物的外壳有些硬，不用担心，迷宫漏斗蛛的牙口好着呢。

这个家伙一旦咬住猎物，就不会再松口。它选择从猎物肉质最鲜嫩的大腿根部下口，吸食它的血肉，获取自己需要的一切，直到将猎物吸食得只剩下一具干枯的空壳。

天生的工艺建造师

通过观察我们知道，迷宫漏斗蛛的网艺术性并不强，它远逊于圆网蛛的网。尽管迷宫设计得很精妙，可它的建造技能却很普通，似乎只是漏斗蛛随意建造的一个没有形状的捕猎器。那么，迷宫漏斗蛛的卵袋是怎样的呢？

要知道，迷宫漏斗蛛每到产卵期到来时就该更换住处了。在一个远离迷宫捕猎器的地方，我终于找到了能够满足大家好奇心的卵袋。蜘蛛用烂树叶和蛛丝混合制成一个土里土气的袋子，这便是它的卵袋。这个破破烂烂的卵袋，充其量算是一个细布袋。

前面我们已经介绍过，圆蜘蛛等几种蜘蛛都是出色的纺织工，其实，迷宫漏斗蛛也称得上是一个纺织高手，那么，它的婴儿房是否也同样那么美观呢？通过实验我们得知，九月底，不受约束，自在工作的迷宫漏斗蛛，做出了十分漂亮、颜色鲜艳的卵袋。

卵袋呈半透明状，由很细致的白色细纹布制作而成，要知道雌蜘蛛长时期居住在窝里，主要是看护自己的宝贝。卵袋差不多有鸡蛋那么大，两头呈开放状，仿佛漏斗的颈部。那么，这个漏斗颈部的作用是什么呢？我们还无从知晓。洞口前面比较大的一端一定是通向储存粮食的粮仓的，

蜘蛛就经常停留在这里，偷看自己储存的美食——蝗虫。因为怕弄脏干净的屋子，它喜欢在外面吃蝗虫。

由于卵袋和迷宫漏斗蛛的猎捕场所结构有相似的地方，看上去也类似捕猎用的迷宫，我们就当它是小迷宫吧。这里的蛛丝纵横交错，一旦有猎物从火山口前面经过，就会陷于其中。当然，动物的建筑样式一般都是固定不变的，它们都有自己擅长的建筑风格，缺乏个体的创造性。

我们不难发现，这里就像一座哨所，透过如雾霭般柔和朦胧的白色丝墙，可以隐约看见放置卵的东西，卵的表面被隐隐约约的花纹所包围。这个暗白色的袋子宽敞漂亮，四周有发光的立柱支撑着，位于帷幔的中央地区与外层是隔开的。12根柱子两两相对，在这里形成了一条狭长的走廊，走廊可以通向房间的任何地方。雌蜘蛛时常一边在走廊里巡查，一边凑近卵袋倾听里边的动静。它可是一个尽忠职守的好母亲！

迷宫漏斗蛛总是要背井离乡，去很远的地方建造房屋，这是为什么呢？它为什么不能将卵袋编织在离蛛网很近的地方呢？那样既可以看护卵袋，又可以兼顾捕捉猎物，岂不是一举两得？它为什么非要舍近求远呢？观察后我才知道，丝网与迷宫的位置都很高，而且又都是白色的，很容易被发现。万一袋子里的卵不小心被外来的虫子毁坏，那么整个家可就被毁了，显然，迷宫漏斗蛛不想承担这样的风险。

要知道蜘蛛卵可是姬蜂幼虫的主要食粮，况且其他一些姬蜂也有这样的爱好，迷宫漏斗蛛当然会担心这些贪婪的敌人。所以，为了确保孩子的安全，它必须选择一个既远离现在住所又很隐蔽的地方修建新家。迷宫漏斗蛛和其他的肉食动物一样，作为母亲，它们会想尽一切办法，不辞辛苦地确保孩子的安全。

其次，在对卵的保护方面，迷宫漏斗蛛还需要另外一个条件。一般情况下，蜘蛛会找到一个比较安全的地方，将卵放在那里，听天由命。然而，漏斗蛛的情况却不一样，它作为母亲的责任感很强，会守在卵旁直到它们孵化。

迷宫漏斗蛛会在远离原住所而又隐蔽的地方修建新住所，然后把卵放到里面，以此保护自己的孩子。

产完卵后，迷宫漏斗蛛不仅不会变得瘦弱，反而一直保持着丰盈的体态。它活得那样积极，每天都在忙着捕捉蝗虫，胃口也很好，肚子常吃得鼓鼓的。它还打算在自己的丝巢旁边安置一个捕猎的地方呢。

尽管它寸步不离地看护着卵袋，可也没耽误自己吃东西呢。如果将几只蝗虫放在金属罩里，蜘蛛会飞快地跑来，一口咬住这些可怜的家伙，然后卸了猎物的腿，掏空它们的内脏。蜘蛛不在里面吃东西，它就在哨所外面的门槛上吃。看到它的吃相，你一定会很吃惊，它的胃口怎么这么好啊。

眼前这个母亲有必要吃那么多东西吗？当然有这个必要了，因为它在修建新家时耗费了大量的力气。而且它总是不停歇地劳作着，必须补充营养，才能补充编织时消耗的丝。

九月中旬时，小蜘蛛孵化出来了，看起来多么可爱啊。小蜘蛛依然没有离开它们的保护袋，母亲一如既往地守护着自己的孩子，还一刻不停地编织着，不过它很虚弱，体力也越来越差。最后，它不得不停止了工作，在剩下的四五个星期里，母亲依然拖着蹒跚的脚步继续巡

查。每当听到袋子里孩子们吵闹的声音，母亲的心也会跟着兴奋快乐起来。十月末，它为孩子建造好房子，然后悄悄地死去了，作为母亲它尽到了全部的责任。

第二年的春天到来时，小蜘蛛就从温暖的袋子里蹦蹦跳跳地出来了，乘着被风吹动的蛛丝飞向远方。它们又将在合适的生存之地编织新的迷宫。

临近十二月末，大家经过细心搜寻观察，在陡坡树木掩映着的石子路旁，依然可以发现蜘蛛窝。母亲的房间是一间大卧室，这里是哨所的圆形回廊，主卧室和周围的立柱依稀可见。现在我们打开小蜘蛛的房间看看怎样。房间里有一个泥土制作的硬核，其实这是母亲经心制作的，用食指触摸的话还有点儿硬。慢慢地，随着最后的保护层被掀开，一窝小蜘蛛受到惊吓，迅速地四处逃窜。

现在我们已经知道，在编织卵袋的时候，野外的迷宫漏斗蛛会在卵的周围建起一堵用沙土和丝混合而成的墙壁，目的是阻止姬蜂和其他长着大颚的昆虫的入侵。

临近十二月末，你如果细心观察的话，
依然能够在树木掩映的石子路旁找到
迷宫漏斗蛛的窝。

　　其实，这种防护方法在蜘蛛家族中是经常见到的。然而，生活在金属网罩下的母亲们，为什么就没有用到这种保护措施呢？要知道金属网罩里的沙子离它们的工地很远，纺织工人爬上爬下捡沙子是很不方便的，而且纺丝器的操作难度也是很大的。随着观察我们逐渐地了解到，只要蜘蛛的窝与地面相接触，这堵具有防御作用的混凝土围墙肯定不会被蜘蛛省略掉。

　　通过上面的内容，大家对蜘蛛这个可爱的小家伙又多了一份了解了吧。迷宫漏斗蛛用实际行动告诉我们，只有在条件具备的情况下，动物才能发挥出自己的本能，否则，本能只能是一种潜在的可能性。

第五章
罕见的
克罗多蛛

昆虫档案

昆虫名：克罗多蛛

英语名：Crodo spider

身世背景：一种并不常见的蜘蛛，体态优美，色彩斑斓，得名于编织女神克罗多，由此暗喻其高超的织网技术

生活习惯：习惯生活在受太阳炙烤的平坦大石头或者牧羊人用石块垒起的石堆下；所筑的巢外表粗糙，上面悬挂和镶嵌着许多小贝壳、小土块以及干枯的昆虫

绝　　技：织网和筑巢

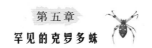

克罗多蛛的建筑本领

在之前的章节中我们已经介绍了各种各样的蜘蛛，现在就给大家介绍一种肯定新的蜘蛛，它叫做——克罗多蛛。克罗多蛛名字的由来源于它的发现者，人们为了纪念这位伟大的发现者，就以他的名字来为这种蜘蛛命名。

读者们大概会好奇，全世界有许许多多的名字，为何这种蜘蛛要叫做克罗多呢？并且，克罗多可不单单只发现了这一种动物，为何他发现的其他动物没有用自己的名字命名呢？原来呀，在古代神话中有一位女神，也叫做克罗多，而且这个名字用在一名纺织女身上也非常合适，是不是很有意思呢？

你们知道吗，在古代神话中，人们的出生、死亡与命运分别由三位女神掌管，而其中最小的一位，便是克罗多，那编织出人们命运的纺纱杆

克罗多蛛有着优美的体态和漂亮的外套，是十分能干的纺织工。

就是由她掌管的。通常纺纱杆编织出来的都是没用的毛，很少有丝，至于美丽的金线，更是少之又少。克罗多蜘蛛形态优美、外表美丽，但它跟别的蜘蛛一样，都是勤劳干练的纺织女。跟普通纺织女不同的是，它是为自己工作的，是在用自己勤劳的工作织就出美丽的精丝。

　　说了这么多，大家是不是想看看这种蜘蛛到底长什么样呢？克罗多蛛并不常见，我们可以试着去翻开一块平整的大石头，幸运的话，会看到一个好似倒立过来的圆形屋顶挂在石头下面。这种建筑物狭小且粗糙，有很多小贝壳和小土块附着在上面，同时还有很多昆虫的尸体。"屋顶"上还有 12 个呈放射状的突角，其张开的尖角与石块相连固定。这种建筑物看起来就好比犹太人居住的帐篷，但值得注意的是，它们是倒挂在石块下面的，也就是说，它们的住所是从上面封锁的。

克罗多蛛常常把窝建在石头下面，即使要迁移，也是从一块石头下转移到另一块石头下。

第五章
罕见的克罗多蛛

门在哪儿呢？不要着急，我们只需要用一根麦秸，就能找到答案。仔细看就会发现，建筑物有一个地方边缘有着月牙形的装饰，外表看起来就跟其他圆拱一样，可在它的边缘，却被分开成了两边，这就是门之所在。蜘蛛身上带有弹性，正是利用了这一点，它们才能将门自动关闭，同时用丝将两扇门粘在一起并固定。

相比于原蛛，克罗多蛛的帐篷更安全。克罗多蛛遇到危险，会立马往家里跑，到家时用脚踢开房门，从裂开的门缝里钻进去就消失不见了，大门也会随其进入而自动合上，真是了不起！紧急情况下，它还会在门上多用一些丝固牢，敌人完全发现不了它是怎么消失得无影无踪的。

在观察中我们还发现，克罗多蛛比原蛛更注重生活质量，简单的一项创造能被它做成防御工事。它的屋子非常豪华，同时它也很讲究，盖的被子柔软过天鹅的绒毛，白过夏季蕴雨的云团。瞧，一只蜘蛛正在午睡，它有着短小的腿，穿着深色的衣服，背上还佩戴着五个黄色的徽章，整个屋子显示出一种优雅静宜的气氛。接下来，我们再来仔细研究下屋子的结构。屋顶周围围绕着月牙形的边缘，好似围墙一样，凸起的尖角固定在石头上，整个屋子的重量都是靠它来支撑。同时，所有黏结的地方石块上都粘着一些散乱的丝，这些丝的作用相当于锚绳，这些密密麻麻的支撑点，让克罗多的吊床非常安全。

另外值得一提的是，克罗多蛛房子里外的清洁程度截然不同，里面干干净净，外面肮脏不堪。房子外还挂着一些沙潜虫和盗虻的尸体，石块下面也藏着一些拟布甲等，脏乱不堪。

据此我们可以想象得到，那些昆虫的干尸其实就是克罗多蛛吃剩下的食物。读者们可能不太清楚克罗多蛛的生活方式，它们与其他蜘蛛不同，习惯围猎和游猎的生活方式，会时常辗转在不同的石头之下生活。最让人感到恐怖的是，要是夜晚克罗多蛛的石屋来了不速之客，那么它就会被克罗多蛛给掐死，尸体被榨干，然后扔在远处，抑或将其挂在蜘蛛网上。

那些房子里的蛹螺和缩在塔罗里的软体动物，克罗多蛛又是怎么对待它们的呢？它们被蜘蛛当成了石头或沙子放在墙角，这样一来，墙角的蜘蛛网被风吹刮的时候，就不至于变形。通过实验我还了解到，克罗多蛛降低房子重心的办法就是增加重量，如此一来，屋子便又稳定又宽敞。

除此之外，大家肯定还想知道在那柔软舒适的屋子里，克罗多蛛每天都在干些什么吧。有人会认为，它肯定是每天吃饱喝足之后就躺在柔软的床上呼呼大睡，毕竟它的屋子那么舒适。但事实却是，它半梦半醒地躺在那儿，认真地聆听地球转动的声响，多么会享受幸福生活啊。

每每我们推开它们的房门，总能看到它们纹丝不动地立在那儿，仿佛一个思想者。如果想让它们动起来，我们只能用一根草去把它们逗醒。只有在肚子很饿的时候，它们才会主动出去觅食。平时，它们极少出门，也很会控制食欲，总是在夜深人静时才出去寻找食物。

此时已是夜晚 10 点多了，克罗多蛛终于出现了，看起来像是在屋顶上纳凉，又像是在耐心地等待猎物经过。第二天，你会看到又有一具尸体挂在它的墙壁上，由此可以说明，昨晚它又有一番收获。

克罗多蛛的生活习性

克罗多蛛非常胆小，大多都是晚上出门，白天躲在屋子里，所以要弄清楚它的生活习性不是一件容易的事。快到十月份的时候，我们竟然在它的房子里发现了很多卵，可我们完全不知道它是如何产下这些卵的。所有卵囊上都有一层高级的绸缎样白细胞壁，卵囊与卵囊之间、卵囊与屋子地板之间都紧紧粘黏在一起，完全分不开，我们只能将其撕开。

克罗多蛛妈妈就躺在一堆小袋子上，宛如慈祥的鸡妈妈孵化小鸡仔般，尽心尽力照顾自己的孩子。在生完孩子以后，克罗多蛛妈妈看起来还

克罗多蛛的卵囊有高级的白缎包壁，而且与房间的地板紧密地贴在一起。

是原来那样健康。但现在宝宝门还没有出生，所以此刻它的肚子看起来圆鼓鼓的，皮肤也非常紧致。

十月份不到，有些小蜘蛛就出现在卵囊里了，它们身体瘦小，但整体与大蜘蛛并无两样，身上也穿着有五六个黄色斑点的深色外套。这些刚出生的小蜘蛛要在它们的房间里一直待到来年春天，蜘蛛母亲就一直蹲在卵囊上，保护着它们的安全。整整 8 个月，克罗多蛛母亲都要这样守护着它的孩子们，当然，这样它能很好地照看自己的孩子，直到小蜘蛛们能自己吊到蜘蛛丝上，开始另一段旅程。

六月份到了，天气变得越来越热，在蜘蛛母亲的帮助下，待在卵囊里的小蜘蛛破囊而出，不再待在妈妈的帐篷屋里。关于帐篷屋大门的奥秘，这些小家伙也是了然于胸，它们会先在门口享受新鲜空气，过几个小时便随着缆绳气球一起飞走。

这时候，克罗多蛛妈妈依然留在原来的地方，不知道它会不会担心飞走的孩子们呢？过了几天我却发现，克罗多蛛妈妈似乎比生育前看起来还要年轻，它的肤色鲜艳明亮，身体精力旺盛，一看就知还可以活很久很

克罗多蛛妈妈要蹲在卵囊上守护自己的卵，这
种情况会一直持续 8 个月。

久，并且还能再生一群孩子。当孩儿们都离家远去，老克罗多蛛才开始另
觅地址，重新建造一处住所，它会选择在网纱上建造一个新家。

老克罗多蛛只用一个晚上就能将只有个框架的新房子建造完整，并
且铸就出两层厚厚的帷幕，上层平坦，下层底部向内凹陷。时间渐渐过去，
克罗多蛛将新房子慢慢加厚，直到有一天变得跟以前的老屋子一模一样。
有的读者可能会疑惑，克罗多蛛的老屋子并没有破败，可它们为什么还要
搬家呢？

仔细观察我们不难发现，以前的老屋子有着很大的缺陷。老房子里
有很多孩子们居住过的小房间，这些小房间连接着屋子的其他地方，并且
房间非常牢固坚硬，这个问题没办法解决，所以它只能另觅新家。如果只
是老克罗多蛛一个人居住，那也没什么问题，屋子那么大，它一个人占用

不了那么多。但它要准备生第二批宝宝，必须重新建造一个大房子。克罗多蛛妈妈觉得自己的卵巢还可以生育，所以它要搬去别的地方建造一个新家，将来新宝宝才有地方居住。

　　所有蜘蛛宝宝，包括迷宫漏斗蛛宝宝和克罗多蛛宝宝，都必须节食。虽然它们一直在运动，并且还是幼虫，但哪怕是在冬天，也一样不会进食。

　　无论是克罗多蜘蛛还是迷宫漏斗蛛，假使你把它们的囊袋或者圣物打开，都会发现它们活得很健康，严寒和饥饿并不会夺去它们的生命。由于家门被人打开，里面的蜘蛛连忙向外跑。

　　我们已经知道为什么小狼蛛趴在蛛妈妈的背上可以不进食，那是因为狼蛛妈妈和宝宝们生活在一起，它可以给宝宝们喂一些剩菜剩饭。虽然克罗多蜘蛛与狼蛛状况相同，但克罗多蛛却用厚厚的围墙隔开了自己和孩子们，因此，小克罗多蛛完全无法从妈妈那里得到食物。或许有的读者会认为，蛛妈妈会吐出可以渗透墙壁的营养液，这样一来即便隔着墙壁也可以给孩子们喂食。我劝大家千万不要这样想，你看，迷宫漏斗蛛在生育后

小克罗多蛛们看到家门被打开，都急匆匆
地往外跑，非常活跃。

不久便会死去，可孩子们还能在封闭的丝绸般的屋子里生活大半年，而且，蛛妈妈去世之后，它们并没有因饥饿而变得瘦小。

还有的读者说，蜘蛛宝宝们是靠吃包裹它们的丝网维持生命的。有这个可能吗？答案当然是否定的，它们怎么会吃掉自己的房子。在前面我们已经介绍过圆网蛛的行为，每当圆网蛛要建造新房子的时候，它们会把以前的旧房子吞掉，所以没这种可能。另外，我们还介绍过狼蛛的行为，狼蛛宝宝们不会吐丝织网。所以，不管是什么种类的蜘蛛，在婴幼儿时期都不会进食，直到它们开始自己的迁徙旅程。

或许还有的读者会说，可能蜘蛛宝宝们自身有储存机制，存放着一些食物，比如卵里带有脂肪，抑或其他什么物质，能使其转化为机械能，维持它的生命活动。当然有这种可能，而且大部分生命体都带有这种特性，但你要知道，这种储存的能量维持不了很长时间，最多几个小时或者几天而已。小鸡仔从蛋壳里孵化出来便带着一些储存的能量，它们能利用这些能量站起来，并且进行简单的活动，但也并不能维持多久。大家都清楚，如果长期不进食，无论什么动物都会慢慢失去生命，小鸡也不例外。

小动物们究竟把大量能维持生命运动的物质储放在哪儿呢？蜘蛛宝宝的身体那么幼小，哪里可以储放下那么多能量来维持生命长期运转呢？对此，我们只能利用别的非物质作出解释，最大的可能就是外界的热辐射，小蜘蛛身体的某个器官能将其转化成热动力，这种热动力或许是可以直接获取而非靠进食而来的。大家都知道，自然界所有的生命都依靠太阳而存活，太阳是万物生长的根本。在现代科学中，关于蜘蛛的各种猜想都已有了科学的解释，感兴趣的朋友可以去问问生物或者医学界的人。

第六章

致命的
朗格多克蝎子

昆虫档案

昆虫名：朗格多克蝎子

英语名：Languedoc scorpion

身世背景：一种令人恐惧的蝎子，生活在地中海沿岸的省份，可以称得上是蝎子中的巨人，颜色类似金黄的稻谷

生活习性：离群索居，藏在荒无人烟的地方，偏爱植被稀少之地；喜欢吃肉

绝　　技：能用锋利的螯针轻松扎破猎物的皮肤

武　　器：有毒的螯针

难受束缚的朗格多克蝎子

　　说到蝎子，可能大家并不喜欢，让我们一点一点进行探究，你或许会发现，蝎子其实也很有趣。蝎子是种沉默寡言的动物，它们生活隐秘，不会经常被发现，况且蝎子性子刚烈，令很多人害怕，看到它便会远远躲开。

　　我们去山上翻开一块石头，能在石头下面发现一位隐居者，它就是不被人们喜爱甚至害怕的蝎子。它的尾巴往上卷着，尾巴尖端有一根毒针，正往外冒着毒液，两只钳子顶在洞口。

　　可能有人不知道，蝎子喜欢居住在植物稀少的荒地，被太阳照晒变得炙热的岩石、石块是蝎子最喜爱的地方，你在这样的地方很容易看到蝎子。蝎子非常不喜欢群居生活，它们对独居生活的态度非常坚决，绝对不容许跟其他蝎子住在一起。如果你某天翻开一块石头，发现下面有两只蝎子，那其中一只绝对在撕咬和啃食对方。

一只蝎子正挥舞着自己的武器向前行进，
让路过的其他昆虫都心惊胆战。

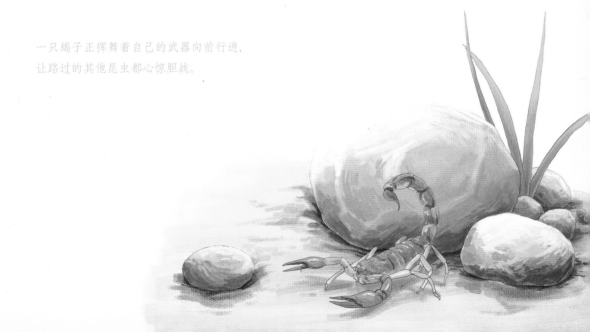

第六章
致命的朗格多克蝎子

接下来让我们一起去参观一下蝎子的房屋吧。它的屋子并不豪华，如果你在翻开的平整大石块下面发现一个洞，洞口大概有宽口瓶那么大，深度大概几法寸，那应该就是蝎子的住所。让我们蹲下身来看看洞里的主人，它正张开两只钳子，翘着带毒针的尾巴，气势汹汹地站在门口看着来访者。当然，它偶尔也会有躲在深屋子里不出来的时候。此刻，它挥舞着自己的利器慢慢从里面爬出来，这时候你要特别注意，手指千万别被它抓住了，一旦被它碰着，损失可不小。

接着我们再来研究一下蝎子的一些特征，地中海沿海的很多地方盛产一种黑蝎子，这种蝎子很普通。在秋雨时节，它经常往人们家里爬，有时候还爬到人们的床铺上，虽然很多时候不会伤人，但难免让人感到害怕。

还有一种特别吓人的蝎子，叫做朗格多克蝎子，人们对它知之甚少，这种蝎子主要来自地中海沿岸地区，其他地方时不时也会出现。这种蝎子离群索居，喜欢在人迹罕至的地方居住，并且绝对不会进入人们的房屋。朗格多克蝎子身材巨大，最长的有八九厘米，体色为金黄色。

朗格多克蝎子的肚子看上去就像是由五节棱锥似的木板连接而成的，整个身躯好比是五节木质的小酒桶一样。它螯肢的上下钳子有着相同的棱形凸纹，弯曲的腿又长又细，背部布满了线条。它们自古以来的坚硬武器就是那些凸出来的纹路线条，这是它们的专属特征，使得它们好像是被刀子雕刻出来的那样。

蝎子身体的第五节后还有一个尾节，看上去就像一个光滑的口袋一样，可这里面装的却是致命的毒液，这就是蝎子的毒囊。它的尾端有一根弯曲的毒针，看起来异常坚硬而锋利。要使用这根毒针，蝎子必须向上翘起尾巴，并且将其向身子前面进行拍打，就跟小狗似的，这是蝎子亘古不变的作战策略，所以你看它的尾巴总是翘在背上。

朗格多克蝎子的螯肢能很好地帮助它吃东西，同时也有利于打架或者刺探前面的情况，就像螯虾的大钳子一样。蝎子在爬行过程中，它的螯肢总是向前伸着，并且张开两只手指，这样一来，它就能清楚前路是否有

阻碍并将其清除。遇到需要打架的时候，它就会用螯肢死死地抓住敌人，让对方无法动弹，然后将自己尾巴上的毒针刺向敌人身体。朗格多克蝎子在享受美食的时候，会将食物用螯肢夹进嘴里，就好比是手一样。

蝎子走路的脚作用非常大，它平日里无论是爬行、平衡还是挖掘，都是用脚而不是手。它腿前胫部的平切面上长着很多小爪子，整整齐齐地形成一列，不停地运动着。它的跗节上有一根尖刺，有拇指般大小，又短又细，上面长满了粗粗的毛。跗节和小爪子组成了一个非常好使的爪钩，这样它就能在纱网上倒挂良久，并且还能行走于垂直的墙面上。

紧挨着蝎子步足的是栉板，它的称呼就是源于这个独特的身体结构。蝎子之所以能腹部朝上行走，就是栉板的作用，也就是说，栉板相当于是蝎子的平衡器。

蝎子共有8只眼睛，分成了3组。在它的头部和胸部上有两只非常恐怖的眼睛，那两只眼睛又大又鼓，还闪着亮光，就像凸透镜一样，眼球向外凸得很严重，看起来好像是个近视眼。弯曲的结节状脊线好像它的眼睫毛般，显得凶神恶煞的。

剩下的6只小眼睛平分成了两组，就在嘴巴的上面，左右两边一边三只眼睛，连在一起像一条短直线，目光汹汹地扫视着四周。虽然蝎子有这么多眼睛，可它就连跟前的东西有多大多小都看不清。它不仅是个近视眼，还是个斜视眼，这一点从它们的爬行姿态就能看出。

那些被饲养在露天的网罩里的蝎子，它们又是怎么生活的呢？瞧，两只蝎子正在爬行，它们要是撞上就不好了。有只蝎子不停地往前走，似乎没看到另一只蝎子正在它的前面。突然，它的螯肢触碰到了另一只蝎子，它似乎吓了一大跳，浑身颤抖了一下，立马转身朝另一个方向走了。

我在废弃的石园里给它们建了一座城堡，尽可能给它们满意的生活。先给这些远道而来的客人挖一条通道吧，要让蝎子住得舒适，还要在洞口给它们盖上一块石头。我从山上抓来了很多蝎子，把它们放在洞边，让它们尽量有家的感觉。果然，它们就像看到自己家一样，爬进了洞里，再也不出来了。大概有 20 多只蝎子居住在这个城堡里，都是已经长大的成年蝎子。城堡里有很多猎物，跟它们原来的住所周围差不多，这样它们才能丰衣足食地继续生活。

要想深入研究，仅仅这样还是不够的，所以我还想建造一个蝎子园。我打算让一只雌蝎子和一只雄蝎子结合，将它们放在同一个罐子里，然后繁衍生息。怎么区分雌雄呢，我把肚子大的蝎子当做雌性，肚子小的当做雄性，当然，这样区分得并不准确，因为蝎子的年龄也会影响肚子的大小，但实在没有别的好办法，所以我只好这样。我找到两只蝎子，一只颜色较深、身材较大；一只呈金黄色、身材娇小。我把它们放在一起，希望它们能像真正的夫妻一样生活。

喂养这些小东西非常危险，所以一定要有严格的安全措施。我不仅要保证自己的安全，同时也要照顾到这些被关起来的蝎子们。通过观察我发现，蝎子非常爱干净，就跟我们人类一样，所以我得经常给它们打扫卫生，同时还要给它们喂食。每天，我从洞口给它们放一些活生生的猎物进去，待它们吃饱喝足之后，我还要拿棉花把放食物的洞口堵住。我还挖了一条通道，这些迁徙者可以直接通往石块下面，没过多久，蝎子们就习惯了这样的生活，并开始自己挖通道。

朗格多克蝎子总是利用瓦片，用自己的方式挖掘，然后建造自己的房子，而且很勤劳。

朗格多克蝎子也有其独特的生活方式，它们会自己建造一处住宅。每个朗格多克蝎子都有一块弧形的瓦片，这是它们为了让自己的住所更舒适所准备的。它们找到一块沙地，将瓦片插进沙地里，沙子便拱成一条弧形的裂缝，然后它们再依据自己的喜好进行挖掘，并在此长期居住。所有朗格多克蝎子都非常勤劳，不会虚度光阴。

经过观察我发现，蝎子大多用前三对步足进行耕地等工作，第四对步足则用来支撑整个身体。硬邦邦的土块在蝎子的步足下，很轻松就化作了细小的碎块，接着，它就将自己的尾巴拉直紧贴在地上，左右摇摆以打扫卫生，并且打扫得非常干净，最后将扫出来的土堆往后推。

尽管蝎子的螯肢坚硬有力，但蝎子从不用它去挖掘地道。因为它要用螯肢来吃东西、打架以及探查情况，如果把它也用来挖掘，那么它也许就不会像以前一样灵活了。它们就这样一直劳动着，沙子渐渐形成一个小沙丘，将地道口堵住，并且还有沙子不断从里面被推出来，直到地道让它们满意。

除此之外我还发现，虽然朗格多克蝎子会建造地下室，但居住在房屋里的黑蝎子却并没有这个能力。它们经常活动在墙角脱落的砂浆灰里、因受潮而开裂的墙板里和阴暗的废墟里。可能因为黑蝎子的尾巴又细又短，所以它们并不会挖土，比起黑蝎子来，朗格多克蝎子更加厉害。

在我新建的蝎子园里，我给每只蝎子都提供更方便的生活条件，看到洞口那些多出来的新鲜沙土了吗？这说明它们正在洞里奋力挖掘地道。过了几天，我翻开石块一看，它们的洞穴更深了。蝎子一般只在夜里出行，但在这个蝎子园里，即便是在白天它们也会常常出来走走，而且特别喜欢在阴雨天出来。

现在让我带领参观一下这座蝎子城堡吧。石块下面就是客厅，天气炎热时，热气透过石板渗进客厅里，蝎子就独自一人待在客厅里尽情享受这安逸的时刻。一看到我，它就扭动着长长的尾巴缩进阴暗的洞穴里了。我轻轻盖上石块，过了半个小时又去看，它竟又出现在了客厅。它好像有点害怕陌生人。

致命的朗格多克蝎子

　　我还了解到，蝎子的生活方式非常单一。在我用废弃石园建筑的蝎子城堡里和用网罩里打造的动物世界里，一到冬季，蝎子都不会出门，白天黑夜都是如此。蝎子们是不是也要冬眠呢？当然不会。走，我们去看看它们。你看它们依然是一幅穷凶极恶的样子，作出防备的姿势，尾巴高高翘起，随时准备迎接敌人的攻击。它们在阴冷天爬回洞底深处，晴朗时就慢慢回到洞口，用背部紧紧贴在被太阳晒得炎热的石板上以取暖。总而言之，蝎子的生活一直都处在一种幽静孤独的状态，它们生活在潮湿的洞穴里、屋檐的遮雨台下以及沙丘的背后。

　　到了四月份，蝎子们的生活突然有了改变。网罩里的蝎子竟然从洞穴里爬出来，在网罩区域内走来走去，有些还趴在网罩的纱网上。到了夜晚，有的蝎子也不回到巢穴里，而是直接在外面过夜，还有的蝎子竟然一直在外面逗留不回去了。比起回到洞穴里睡觉，它们更喜欢在外面玩。

　　这天夜里，有几只小蝎子出来溜达，到后来竟然不见了。没过多久，

朗格多克蝎子是攀登的高手，即使是面对光滑的玻璃，它也会一点一点地攀爬。

就连大蝎子也和小蝎子一样喜欢到处溜达，真不知怎么回事。到了后来，网罩里的蝎子越来越少，大多移居到了别处，这个露天的殖民地变得形同虚设了。

为了让蝎子不再溜走，我建了一堵很高的围墙，同时还加了一层网罩。不过尽管我想尽办法，蝎子们还是溜走了。秋雨时节，我们常常会在窗户的缝隙里看到蝎子的身影，平日它们都生活在城堡阴暗的角落里，此刻为了躲避潮湿，它们就会爬向高处或外面。

尽管朗格多克蝎子身材肥胖，但它的爬行能力和黑蝎子是不相上下的。假使蝎子喂养在露天场所，那么即便筑再高的围墙也无济于事。住在网罩里的蝎子们又是什么情况呢？每个网罩下只能居住两三只蝎子，大概由于伙伴很少，周围又没有山岗，太阳也照射不到，桌子上的蝎子们无精打采的，像是患了相思病一样，不管在哪，蜷缩在瓦片下也好，趴在纱网上也好，它们都一副病怏怏的样子，或许，它们在渴望自由吧。

要不用玻璃来筑造一个围墙吧，玻璃表面光滑，蝎子们无处落脚，那就无法在上面爬行，这样一来，它们就不会再溜走了。我用玻璃做成围墙，整个建造物就像横放的窗架一样，地面是木板，上面洒上一层细沙，里面空间很多而且阳光充足，每只蝎子都有一个单独的房间。另外，我还挖掘了很多纵横交错的小路，蝎子可以在围墙里到处旅游，它们应该会喜欢这些设计吧。

没过多久，新的问题又出现了。虽然玻璃做的围墙能有效阻止它们向外爬，可它们开始沿着木头往上爬，结果还是一样。虽然做了各种应对措施，顽强的蝎子还是义无返顾地慢慢攀爬在光滑的玻璃道路上，所以要是稍不注意，蝎子们又跑得无影无踪了。

经过各种努力，蝎子们终于不再集体迁移了。总而言之，朗格多克蝎子和黑蝎子一样，都善于攀爬墙壁，但它可比黑蝎子要难以管束得多。地球上所有烈性动物大抵都是这样吧，难以束缚、性情刚烈，比如狼、豹子、老虎以及蝎子。

节食的朗格多克蝎子

前面我们已经了解到，朗格多克蝎子性格刚烈难以束缚。接下来，让我们再去探究一番它们的捕食习惯，其结果更是让人大吃一惊。在我们平时的印象中，蝎子们霸道、争强好胜，抢夺食物，但实际上它并不是这样的。现在，就让我们怀着好奇心，继续去了解它们吧。

在饮食方面，朗格多克蝎子非常节制且有规律。我经常去周围的山岗石堆中看望它们，谨慎而仔细地查看它们的住所，所以我才能得知这些信息。同时我还了解到，它们最喜欢吃马莲、蚂蚁和蝗虫等。

通过观察我发现，蝎子们有着严格的进食时间。虽然它们精力旺盛、尾巴强健有力，但每年从十月份开始，它们就会一直躲在洞穴里，闭门不出，直到第二年的四月份才出来。在这期间，它们没有任何食欲，到了三月末的时候，才渐渐有进食的欲望。如果你在这段时间去观察它们，就会发现它们吃得又少又简单。

有读者朋友说，要是能看到蝎子狂吃狂喝的样子，那就太高兴了。在大家看来，蝎子是那么凶猛的动物，还有着非常厉害的捕猎利器，吃东西肯定也是非常厉害的。但我们经过观察发现，事实并非如此，它们吃得特别少。

大多数人都对蝎子感到害怕，但大家不知道的是，蝎子也是非常胆小的动物。它看到一只断翅的蝴蝶都会被吓着，除非是感到肚子饿了，它们才会显得凶猛精神。到了四月份，它们的食欲开始增大，你知道它们会去捕捉什么作为食物吗？大家都知道，蝎子不喜欢死尸，相反，那些欢蹦乱跳的小东西才是它们的最爱，这样具有挑战性的猎物才能彰显出它们的本领。不仅如此，蝎子们对食物还很挑剔，它们喜欢鲜嫩且小巧玲珑的猎物。

我们可以做个实验，到田野里去抓几只蟋蟀来，跟蝎子们放在一起。

这些愉快的歌唱家们还在唱着美妙的歌曲，完全没有意识到处境的危险，甚至还在旁若无人地抢夺食物。突然，一只蝎子靠近了蟋蟀们，可它们却对蝎子毫无畏惧，好似还摆出姿势准备进攻蝎子。蝎子故意去逗蟋蟀，用螯肢碰碰它，老天，这只胆小的蝎子竟然还被吓着了。就这样，6只蟋蟀和这些凶猛的蝎子在一起生活了一个多月，期间相处和睦，蝎子们完全没有去招惹那些蟋蟀，可能因为蟋蟀们长得太肥胖了吧。

我们再找来一些不显眼的小东西试试吧，比如黑色千足虫、赤马陆之类的小昆虫。我煞费苦心却毫无作用，因为蝎子对这些外表丑恶的东西一点兴趣都没有。

接着我再找来一些老鳖盖、小甲虫等，大概因为太饿了，蝎子们终于开始吃东西。它将这些小昆虫用两只跗节夹住，轻轻松松便放进了口中。嘴里的小昆虫还没有死去，不停地挣扎着，蝎子不喜欢它这样吵闹，于是就将利器伸进嘴里，给了它温柔却致命的一击。蝎子进食就像用叉子一样，将猎物叉进口中享受。

在蝎子慢慢咀嚼之后，可怜的小昆虫变成了食物残渣，卡在蝎子的喉咙里。此时，若想取出蝎子喉咙里的残渣，就需要用到它的螯肢，螯肢可以轻松就将喉咙

朗格多克蝎子其实胆子很小，在面对蟋蟀的时候，它不会轻易去招惹对方，往往先试探着挑逗一下。

里的东西取出来。

到了四五月份，各种各样的昆虫都喜欢在各个角落里欢聚一堂，它们有的在地上奔跑，有的在空中飞舞，有的在唱歌，有的在弹琴。我们来看看蝎子们此时在干什么。它们穿梭在各种昆虫之间，悠闲地走来走去，有时会撞到一只粉蝶，甚至踩到它们，但它们并不会受到惊吓。在一片喧嚣的环境中，有些断了翅膀的粉蝶竟然落在蝎子的背上，真是太大胆了！但蝎子却并不在意，背着粉蝶慢悠悠地继续向前走。还有的粉蝶竟然飞到了蝎子的螯肢下，更有甚者直接飞到了蝎子的嘴巴边，真是不知危险啊，不过还好，蝎子们似乎并没有生气。

不要以为粉蝶多么幸运，有时碰巧会看到一只蝎子嘴里咬着一只粉蝶悠闲地走来走去，蝎子并不是想吃掉它，只是叼着它慢慢散步而已，可怜的粉蝶就这样被蝎子当成了玩具，但它根本经不起蝎子这样的摧残，翅膀被折断了，还在绝望地挣扎着。它越挣扎蝎子就越生气，使劲撕咬并刺向粉蝶，然后把它的头吞掉，接着就把剩下的身体扔掉了。

在没有食欲的情况下，蝎子要是遇到折翅的粉蝶不会轻易出手，哪怕只是叼咬，粉蝶也会受不了。

还有些蝎子在捕获猎物之后会把它们带回家，它们喜欢在舒适的环境里用餐。但大部分蝎子在捕获猎物之后都会立即享用，它们会连忙爬到一个角落里，将肚子在沙子上蹭一蹭，然后开始享用美食。

蝎子哪怕食欲再强，它们也吃得不多。对蝎子来说，粉蝶是不可多得的美食，因为平时并不容易捕获这些猎物。平时它们主要吃蝗虫，因为蝎子生活的周围，蝗虫随处可见。蝎子对食物特别挑剔，吃蝗虫时还要考虑其形态、颜色等。

同时我还发现，尽管蝎子平日的主食就是蝗虫，但有时它们狭路相逢，蝎子也会对其熟视无睹。偶尔当它们相遇时，蝗虫在蝎子面前肆无忌惮地跳来跳去，有时甚至跳到蝎子的螯肢里，蝎子也不会伤害它，在玩耍一番之后，蝗虫就溜走了。一只绿色的螽斯不小心爬到蝎子的背上去了，看上去它多么危险啊，实际上并不是，因为蝎子对它没有任何兴趣。有时候蝎子还会自己退让离开，当然，也有将它们用尾巴强行扫下去的时候，但蝎子永远不会去追捕这些猎物。

在四五月份，蝎子们会突然发生了转变。这时它们开始进行交配，食欲也变得越来越大，再也不会对蝗虫熟视无睹，若看到它们会直接将其抓来吃掉。同时我在荒石园里还看到，有些蝎子竟然吃掉了自己的伴侣，而且神态自若，仿佛吃掉的是普通的猎物。蝎子在吃自己伴侣的时候，还会聪明地去掉对方尾巴上的毒针。可怜的蝎子同伴，就这样被自己的爱人吃得所剩无几。它是怎么吃下那么大的猎物的呢？要知道那比它的肚子还要大。实际上这样的食量虽然超乎寻常，但也是正常的，你大概不知道，在动物世界里，蝎子的婚姻本就如此凄美。

婚礼美满地进行着，两只蝎子幸福地拥抱在一起，可转瞬间，一只蝎子便吃掉了自己的爱侣，但这不过是蝎子的正常生活行为。为什么这样说呢？大家都知道，很多处于发情期的动物都有些特殊的行为，比如修女螳螂、蜘蛛等。

当蝎子遇到强劲的对手时，结果会怎样呢？我们试着挑起它们之间的战斗，看看会发生什么。我给蝎子送去一些个头庞大的猎物，蝎子被逗怒，怒气冲冲地将自己锋利的利器刺向敌人。蝎子胜利了，洋洋自得，将对方毫不留情地吞得干干净净。

事实上，蝎子们非常节制自己的饮食。刚到秋天，我就抓来食物给这些被我囚禁起来的蝎子送去，担心它们会饿着。事实上，就算不给它们送去食物，它们也会快乐地生活下去。它们在瓦片下的洞穴里辛勤地挖着洞，在洞穴里铸就沙丘堡垒等。它们偶尔也会从洞里出来，特别是在夜晚的时候，它们时常会出来散步、玩耍等，过一段时间又爬回洞里。

冬季来临，蝎子们不再像往常一样时常出来，而是躲在洞里取暖，但它们依然神采奕奕。有时我故意去它们的洞穴捣乱，将里面弄得乱糟糟一团，可不一会儿，它们就又把房间打扫得干干净净、整整齐齐了。

初秋，蝎子躲藏在瓦片下的洞穴里挖土，辛勤地忙碌着，为自己建造有堡垒的洞穴。

　　在天气寒冷的冬季，蝎子们不喜欢到处活动，有些甚至不吃不动。待天气变暖之后，它们的食欲才会随之变大。但蝎子们在冬天无论进不进食，都有着自己的乐趣过活。如果太久不吃东西，有的蝎子难免也会被饿死。经过观察我发现，蝎子可以坚持八九个月不吃不喝。

　　实验证明，刚出生不久的小蝎子食量特别大。那些刚满两个月的小蝎子身高不过 3 厘米，但它们的肤色比起成年大蝎子来却要鲜亮很多，而且它们的螯肢优美，宛如一件用琥珀和珊瑚凝成的艺术品。它们虽然个子渺小，外表却十分吓人，喜欢散居，常常在石头周围出现。小蝎子们自己挖掘洞穴，还在里面建造沙丘城堡等。跟成年蝎子一样，小蝎子们也能长期不进食，并且保持着十分有活力。我通过观察发现，小蝎子们从冬季开始绝食，直到次年的五六月份依然活着。

　　由实验可知，一年三 365 天，蝎子不进食的时间大概占到 3/4，可它们依然生龙活虎。那么久都不吃东西，它们是怎么储存能量的呢？蝎子生长缓慢，朗格多克蝎子是蝎子中寿命较长的种类，大概可以有 5 年的寿命，而且，年龄越大，它们的体格也越强壮。不吃不喝靠什么来维持那么长久的生命呢？实际上它们非常节制，从不浪费粮食，很久才吃一顿饭。

　　通过观察我们了解到，在八九个月的时间里，蝎子们一直在进行着挖掘工作，这样的劳作是非常消耗体力的。那它们又是靠什么来补充体力，维持生命活动的呢？它们的身体里储存了大量的营养物质吗？还是说那些储存的物质能继续转化成能量？

　　前面我们已经介绍过狼蛛、克罗多蜘蛛和蝎子等，这些动物都让我们疑惑不解。人类学会了利用核能，而蝎子更不可思议，它们竟然可以长期活动而不需要什么能量，假如人们学会了蝎子的这一本事，那是多么巨大的财富啊！

　　事实上蝎子自身并不能储存太多的能量，它们的能量源于外界物质的转化。它们预先又将自己成长所需的大量能量储存起来了，在蝎子蜕皮的时候，它们的食欲特别大，这时候从后面划开它们的表皮，那些原来坚硬的皮此刻已经变得干瘪轻盈，轻轻一碰，便从背上滑落下来。蝎子蜕皮时非常消耗能量，所以它们的胃口会增大，以补充体内需要的能量。那些小家伙如此瘦小，如果在生命伊始不吃大量的食物以补充能量的话，它们便活不长久。

致命的毒汁

　　提到蝎子，人们的第一反应就是它会蜇人，这是它最让人讨厌的地方。但其实蝎子平时抓猎物的时候，并不会用到这么歹毒的方法，通常它们都是用螯肢来捕获猎物，将猎物用螯肢夹住，放进嘴里，然后细细品味。只有在猎物不安分的时候，它才会翘起自己的尾巴，用毒针轻轻刺向那打扰了它用餐兴致的小家伙，让猎物安静下来。总而言之，在蝎子捕猎的过程中，毒蜇只是第二工具。

一只朗格多克蝎子和一只纳博讷狼蛛摆好了搏斗的姿势，谁会占上风还未可知。

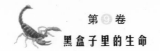

当蝎子遇到强敌，情况危急的时候，毒蛰的作用可就大了。蝎子这样凶恶的动物，遇到怎样强大的敌人，才会毫不犹豫地用毒蛰自卫且反击呢？它一定不是一般的动物。不如我们来试试吧。我为蝎子找来一些强敌，挑逗它们搏斗，来看看蝎子的毒液究竟有多厉害。

我找来一只纳博纳狼蛛，把它与朗格多克蝎子放在同一个宽口瓶里。玻璃瓶很光滑，到底是带有螯牙的家伙更厉害呢，还是这个带有毒蛰的家伙更强横呢？跟蝎子比起来，狼蛛显得特别瘦小，但它胜在灵活，所以在蝎子面前毫不示弱。蝎子还没反应过来，狼蛛猛然发起攻击，向蝎子袭来。在狼蛛看来，对面的敌人动作缓慢，还显得悠然自得，自己趁其不备先发制人，已经是胜券在握了。

见对方如此不堪一击，狼蛛原本半蹲着的身子立起来，张开带毒的螯牙，猛地扑向蝎子。此时蝎子才慢吞吞地向前伸了伸自己的螯肢，轻轻摆动了一下身子，轻而易举就将狼蛛夹在了螯肢的两个跗节间。狼蛛绝望了，努力挣扎着，却怎么都动弹不了，虽然它张着自己带毒的螯牙，却无济于事，因为根本够不到蝎子。蝎子长长的螯肢将它牢牢抓住，狼蛛根本无法靠近蝎子。凶勇的狼蛛在蝎子面前，毫无反击之力。

蝎子和狼蛛之间根本算不上搏斗，对抗狼蛛，蝎子只要将自己尾部的毒针缓缓伸到额前，刺向狼蛛的身体，就能轻轻松松打败狼蛛。但蝎子将毒针刺进敌人身体也并不是那么简单的事，它要摇晃着尾巴用力向前伸，同时转动自己的毒针，这可是十分费力的。被蝎子刺中的狼蛛渐渐流出血液，不一会便开始浑身抽搐，四肢无力，眼见就要一命呜呼了。

在多次实验之后我发现，战败的一方都会死得很惨，交战场面也都大同小异，狼蛛与蝎子搏斗，结果必然是失败。蝎子特别喜欢吃那些肥胖圆润的蜘蛛，那可是它们不可多得的美食，所以蝎子怎么会放弃享受美味的机会呢？它们一般喜欢从猎物的头部开始享用，然后再慢慢品味其他部位，狼蛛腿部的骨头比较坚硬，蝎子就从其他比较脆弱的地方下口，留下腿骨，这份美味佳肴蝎子会慢慢享用一整天左右。

　　蝎子的肚子并不大，却能装下那么大的食物，它是怎么做到的呢？它的肠胃一定有奇特的地方，也或许是因为太久没进食了吧，蝎子真是喜欢暴饮暴食的动物。

　　在狼蛛和蝎子搏斗的时候，狼蛛率先得意地将自己的胸口露了出来，大概正因如此，蝎子才会对狼蛛痛下杀手，因为那对它实在是太诱惑了。这些纺织工人这下给吓得都忘了织网，平日里它们在自己织出的网上轻轻松松就能搞定别的昆虫，可现在它们并非身在网上，面前是恶狠狠的蝎子，它们毫无招架之力。只要蝎子刺中它们，它们就会立刻毒发身亡。蝎子长期活动在石头下面，特别喜欢吃蜘蛛，但跟蝎子一样生活在石头下面的克罗多蛛就不一样，它们对食物没什么要求，只要有食欲，什么都可以吃。

　　螳螂也是蝎子喜爱的美食之一，可蝎子从不会去螳螂的巢穴里兴风作浪，只会偶尔在荆棘丛里抓捕几只螳螂。当螳螂正在产卵的时候，蝎子有时也会对其发动攻击，没办法，谁让螳螂的巢穴也建在石头底下呢，那可是蝎子最爱生活的地方。

　　在与螳螂的搏斗中，蝎子有时也会节约自己的毒液，非到万不得已，

螳螂也是蝎子的猎物之一，蝎子在捕捉螳螂时，也知道节省毒液，只有在危机关头它才会使用毒针。

它不会使用自己的毒针。你看，蝎子和螳螂又在搏斗了，蝎子的螯肢紧紧抓住了螳螂，不服输的螳螂仍摆出可怕的模样来，想震慑住蝎子。螳螂拼命张开自己的腿和红色花纹的翅膀，它的腿上带有锯齿，宛若一把刺刀般，可即便如此也于事无补，因为蝎子将自己的毒针刺向了螳螂那锋利的前腿。蝎子拔出毒蛰针，螳螂被刺伤的腿上流出一滴毒汁，不久，螳螂就像狼蛛一样毒发身亡了。

除此之处，蝎子还有个特点，那就是蝎子在刺向敌人时并没有准确的目标，攻击很随意，什么地方容易得手就在那里下手。如果刺中的是敌人的中枢神经，对方即使侥幸活下来，也一定是残废了。蝎子对敌人用完毒针之后，休息一段时间，又会慢慢分泌出毒汁，并且装满整个毒囊。

我又给蝎子找来了一个新的对手，一只肥胖的雌性螳螂。螳螂对蝎子很是不屑，身子半伸着，肥胖的脑袋懒洋洋地打量着对方，看起来威风凛凛的。它摩擦着翅膀，发出怪异的声响来，此时蝎子真的有点怕它。螳螂用前腿紧紧抓着蝎子的尾巴，蝎子毫无反抗之力。

渐渐地，螳螂感到越来越疲惫，到最后由于体力不支，抓着蝎子的腿竟然渐渐松开来。接着，蝎子就突然刺向螳螂，因为并没有准确的攻击目标，这次它刺中了螳螂那带锯齿的一条前腿，就在腿部关节和胫节中间的地方。被蝎子刺中的那条腿立马不能动了，接着其他四肢也受到了感染，到最后整个身体都僵硬了，蝎子就这样毒死了螳螂。

在螳螂与蝎子的交战中我观察到，假使螳螂中足的腿关节被蝎子刺中的话，它会立马弯曲两对前腿，张开翅膀，做出恐吓的姿势来，直到死去都保持着这个姿态。但不管蝎子刺中螳螂的任何部位，它都难逃一死，只是死亡时间的问题。

那些被蝎子刺中的昆虫都会很快死去，是因为它们太弱小娇贵的缘故吗？于是我又找来一种不算弱小的动物——蝼蛄。蝼蛄非常奇特，看起来很是强壮。蝎子与蝼蛄在场地上打起来了，它们互相瞪着对方，好像认识一样。或许它们从对方身上感受到了危险的信息，蝎子毫不犹豫发起攻击，蝼蛄也不甘示弱地出手相对。蝎子张开自己的大钳子，似乎要将蝼蛄活活撕开，蝼蛄摩擦着自己的翅膀，发出噗噗的声音，好像是在唱战歌，又好像是在摆架势。蝎子对蝼蛄的这些架势充耳不闻，使劲甩着自己的尾巴，朝着对方刺去。蝼蛄的胸膛非常结实，上面有一层厚厚的盔甲，但蝎子还是刺中了蝼蛄的背部，很快，它就倒在地上不能动弹了。

蝼蛄的腿开始不受控制，每条腿都在胡蹬乱动，不久肚子也开始抽搐，两小时之后，它的跗节也渐渐坏死，终于彻底死去了。跟狼蛛与螳螂相比，蝼蛄被蝎子刺中后要稍微活得久一点。

如果蝎子刺中猎物胸口下方，是不是更加危险呢？这个部位非常靠近动物的中枢神经。可通过实验我了解到，不管蝎子刺中蝼蛄的哪些地方，都非常危险，但假如刺中的是它那擅长挖掘的前腿和其他腿的话，那它挣扎得就会久一些。

要是蝎子与灰蝗虫战斗，结果会是怎样呢？灰蝗虫有着硕大的体型与活泼的性格。蝎子对这种活蹦乱跳的动物很是惧怕，灰蝗虫也不想与它打架，因这种战斗完全没有任何意义，它多次都想跑掉，却从上面摔了下

被蝎子蜇刺后的蝗虫，它强壮的后腿关节突然离位，掉了下来，也就一刻钟的时间，蝗虫便倒下了。

来，一不小心，还摔在了蝎子背上。开始蝎子还会尽量躲避它落下，到后来实在忍不住了，将自己的尾巴用力刺向灰蝗虫的肚子。

灰蝗虫的关节错位，它那原本强壮的后腿断了，另一条后腿也动弹不得，它再也无法站起来了，但它的四条前腿此刻还能动弹。灰蝗虫筋疲力尽，大概过了15分钟，它终于倒在了地上。虽然身中剧毒让它痛苦万分，但它竟然顽强地活到了第二天白天。在被蝎子刺中的动物中，也有能坚持几个小时的，其中有一种叫做白额螽斯的虫子，竟然坚持挣扎了一个星期之久。

我给蝎子找来的对手中还包括葡萄树距螽，它的腹部被蝎子刺中，尽管非常痛苦，却异常坚强。我用一些葡萄汁和别的东西喂它，不知是不是葡萄汁的作用，葡萄树距螽竟然渐渐有些好转的迹象，但一个星期之后，它还是死去了。总而言之，不管是什么昆虫，一旦被蝎子的毒针扎到，结果都是一命呜呼。

鞘翅目昆虫身上有着坚硬的铠甲，它们的弱点在于铠甲接头的地方，我想蝎子应该很难找到这个部位，倘若想要刺穿铠甲，无疑更加困难。而且，蝎子的攻击根本没有明确的目标，只是胡乱地用尾巴乱刺，完全不会专研技巧。鞘翅目昆虫身上唯一可以被刺穿的部位是它的腹部，通过观察我发现，只要被蝎子刺中，鞘翅目昆虫同样也会死去，只是被刺之后存活的时间长短不一而已。

接下来我们再来看看另一个死者，它死得非常优雅，是个禁欲主义者，它就是葡萄蛀犀金龟。葡萄蛀犀金龟是昆虫中体格最强壮的昆虫，但它依然被蝎子给刺中了。在刚开始受伤的时候，它还会若无其事地到处走来走去，突然间毒性发作，它的腿站立不稳，倒在了地上。过了三四天，它终于安详地去世了，临死都保持着倒下的姿势。

我猜想，美丽的蝴蝶对蝎子的毒汁一定非常敏感吧，但通过观察我发现，被蝎子刺中的蝴蝶立马就会死去。身体最顽强的是大孔雀蛾，它好似有金刚不坏之身般，蝎子想要刺中它很困难，因为大孔雀蛾羽毛柔软，蝎子想要刺准位置可不是件容易的事。每次被蝎子刺中，大孔雀蛾也只是脱掉一些毛，所以我准备把大孔雀蛾的毛拔掉来做实验。蝎子刺中了被拔掉毛的大孔雀蛾，刚开始它并没有什么不良反应，可到了第二天就开始发生异样，它的身体渐渐开始抽搐，越来越剧烈，它是不是就要死了？然而并没有，在几次不良反应之后，它竟然又站了起来。又过了两天，它还是彻底死去了，死前还产下了一个很大的卵。

多足纲的千足虫与蝎子交战又会怎样呢？蝎子对千足虫并不陌生，在荒石园里，它就经常毒死千足虫和石蜈蚣来吃。这些昆虫对蝎子来说毫无威胁。多足纲里最厉害的昆虫要数蜈蚣了，现在我们就来看看蝎子与蜈蚣之间的搏斗情形吧。

蜈蚣共有 24 对脚，手指般粗细的身子大约有 12 厘米长，弯曲着，就像一条波浪形的带子。它与蝎子很早就认识了，此时它靠在擂台的边缘，触角来回摇晃着，似乎在试探四周的情形。蝎子正耐心地等待着，蜈蚣敏

蝎子和蜈蚣拉开了架势，随时准备向对方出击，身体柔软多节的蜈蚣根本不是蝎子的对手。

感的触角不小心碰到了蝎子，它被吓得连忙往后退。蜈蚣一会儿在竞技场上转一圈，一会儿爬到蝎子的身边，还时不时地故意触碰一下蝎子，然后又立马转身爬走。

此刻蝎子已经准备充分，它摆好了姿势，张开自己的螯肢，蓄势待发。而蜈蚣此时又来到了场中的危险地带，蝎子终于发起了攻击，猛地扑向蜈蚣，将它的脑袋用螯肢紧紧夹住，蜈蚣使劲扭动着自己柔软的躯体，但却无济于事。蝎子不动声色地用力夹紧自己的螯肢，时紧时松，弄得蜈蚣痛苦不堪，怎么也打不开蝎子的螯肢。

蝎子一连刺了蜈蚣三四下，都刺中它的身体侧面。虽然蜈蚣也用力挥舞着它带毒的钳子，想要去夹蝎子，可都没有成功。蝎子用螯肢紧紧抓着蜈蚣的身体，蜈蚣只能有气无力地摇晃着自己的尾巴。然而无论蜈蚣怎么挣扎都无济于事，它带毒的钳子毫无用武之地。这是个非常恐怖的画面，让人不忍直视。

过了一会儿，蝎子才放下蜈蚣，受伤的蜈蚣不住地舔舐自己的伤口，没过几个时辰，它就恢复如初了，但蝎子却毫发无损。次日，新的一轮搏斗开始了，蜈蚣又被蝎子扎了三针，鲜血直流。蝎子似乎不相信这么简单就打败了对方，怕蜈蚣反过来报复自己，得胜之后立马溜走了，真是狡猾！可实际上蜈蚣已经没有攻击它的心思了，它围着圆形的竞技场跑来跑去，似乎在发泄心中的愤怒，就这样，战斗渐渐终止了。

到第三天的时候，蜈蚣的身体越来越虚弱，又过了一天，它的生命已经快要走到尽头。这时候蝎子只是死死地盯着蜈蚣，并不敢贸然去咬它，在确定蜈蚣彻底死亡之后，蝎子便将蜈蚣的尸体分解来吃掉，它先从头部开始吃，然后再是身子。

通过实验我们了解到，在被蝎子刺伤之后，不同的动物存活的时间不一样，这是为什么呢？是不是动物本身的身体构造不同导致了结果的不同呢？对此感兴趣的朋友可以继续研究观察，在此我也预祝大家取得更多研究成果。

生物免疫力的秘密

因为蝎子非常独特，人们又十分厌恶它，所以我们对它了解得很少。如果你感兴趣的话，可以去翻看荒石园角落的枯叶，会发现那下面时常有着成群结队的蛴螬，它们与蝎子一起又会发生什么呢？

时值晚秋，天气转凉，但并不影响蝎子们的活动。花金龟蛴螬也懒洋洋地躲在枯叶里，那里温暖而潮湿。它们的身体肥胖，却又异常灵敏，并且精力充沛，我将它们与蝎子放在一起做实验。

蝎子什么都没做，蛴螬就开始拼命逃跑，它使劲往围墙上爬，蝎子就在一旁静静观看着，似乎在心里冷笑，你跑得了么？蛴螬折腾一番之后，又回到了蝎子身旁，蝎子甚至还给它让路，显得非常绅士。

这两个小家伙完全没有要打架的意思，不管我怎么挑逗蛴螬，它的胆子还是那么小。只要蝎子一动，蛴螬就害怕地将身子缩成一团，待在那

蝎子一有动静，蛴螬就可怜巴巴地把身体蜷缩成一团，一动不动。

里一动不动。我只得又去挑拨它们的关系，蝎子并不知是我在捣鬼，怒气冲冲地看着身边的蛴螬，翘起尾巴亮出毒针朝蛴螬刺去，蛴螬被蝎子扎得不停地流血。

待蝎子一停止进攻，这个小虫子就立马钻进土里逃走了，完全没有受伤的样子，而且它的精神状况非常好，翌日依然生龙活虎。竟然没有任何反应？我决定再试试看。我又找来一只蝎子，将它与昨日那只蛴螬放在一起，结果竟然和上次一样，受伤的蛴螬依然好好活着，完全没有任何不良反应。

我挖来很多小蛴螬，让蝎子将它们全部刺伤，最后结果还是一样的，它们并没有因此而不适，蝎子毒对它们完全不起作用。到第二年的六月份，这些曾被蝎子的毒针扎过的幼虫开始孵化新生命，毒液在蛴螬体内产生了变异，新生幼虫具有更强的抵抗力，蝎子的毒针刺进它们的肚子里，就好比给它们抓痒一样。

实验证明，花金龟幼虫有着很强的抵抗力，从那些用来实验的蛴螬我们就能知道这一点。花金龟幼虫与蝎子完全生活在不同的环境里，并不容易碰到，幼虫也没有吸食毒液的癖好。我猜想，花金龟幼虫与蝎子的第一次相遇，便是我之前抓来实验的那些蛴螬，由此我们可以得知，花金龟幼虫的免疫力有多强。

刺猬可以抵抗毒蛇的毒液，那花金龟幼虫抵抗蝎子毒液又有什么作用呢？它们的生活并没有什么交集。如果我们选择的是那些身体虚弱、抵抗力差的幼虫，哪怕是用没有毒的粗针扎它们，它们也必然受不了。所以在实验的时候，我找来的幼虫都是非常肥胖的，它们被针扎中根本没什么感觉。我还抓来一些葡萄蛀犀金龟幼虫，这是在橄榄树的根部上找到的，它们的身体大概有拇指般粗细，在被蝎子的毒针刺中之后，这些小家伙也完全没有反应。它们钻进宽口瓶里生活，每天胃口都很好，这样生活了 8 个月后，这些小虫子长得越来越壮实了。

与葡萄蛀犀金龟幼虫截然相反的是，要是蝎子刺中的是成年虫子的腹部或者鞘翅的话，这些身材高大的虫子却立刻就仰面倒在了地上，6条腿胡乱蹬着，最多挣扎三四天便死去了。成虫既死，但幼虫却安然无恙地活着，并且精神良好。

为了实验的准确性，我找来更多的虫子来做实验。我首先选中了在山楂树上生活的小天牛，接着还从许多腐树上找到一些幼虫。这种昆虫有着一对角，长得非常漂亮，它们可能想尝尝桂花树的味道，于是在桂花树上定居。我在周围的大树上偶尔也能看到天牛，这些害虫就喜欢破坏我们的绿色生态环境，就让蝎子来好好收拾一下它们吧。实验结果是，成年天牛很快死去，但幼虫安然无恙。

这些幼虫悠闲地生活在宽口瓶里，每天细细咀嚼砍下来的木头屑，吃得有滋有味。同样都被蝎子刺中，有着长长触角的成年天牛死了，而幼年天牛却活得好好的，与被刺之前并无两样。我们再找来普通的鳃金龟做实验，看看结果又会如何呢？没想到结果依然如此，鳃金龟被蝎子刺中之后，没过几分钟就死掉了，但那些白色的鳃金龟宝宝却活了下来。另外，我还在一棵老树的根部抓住一只平行六面锹甲幼虫来做实验，结果还是一样的。

体型瘦弱的食肉鞘翅类昆虫，如金步甲等，被蝎子的毒针蜇刺后虽然能坚持一段时间，却也难逃一死。

实验发现，很多昆虫的幼虫都具有很强的免疫力，比如金花龟幼虫、天牛幼虫、鳃金龟幼虫以及平行陶锹甲幼虫等，它们为什么会这样呢？会不会是因为它们吃的某种植物呢？它们都非常贪吃，身体肥胖，脂肪可以储存大量的能量，会不会是它们的脂肪具有某种解毒的作用呢？于是我又找来一些瘦小的食肉鞘翅昆虫进行实验。

我找到了革黑步甲，这是食肉鞘翅类中最强壮的昆虫。蝎子刺中革黑步甲的腹部，它非常惨烈地死去了。受伤的革黑步甲一开始还想拼命逃跑，可它的腿开始变得越来越僵硬，身体也开始变僵，一阵抽搐之后，它就像摔跟头一样摔在了地上。让人惊讶的事发生了，转瞬间革黑步甲又从地上爬起来，用脚尖站在地上，身体挺得笔直，各个关节仿佛使用铁丝支撑着一样。但它马上又开始痉挛起来，摔倒在了地上。过了一会，它又费力地站了起来，就这样一直重复着这个动作，直到第二天死去。

革黑步甲的幼虫是什么情况呢？它比花金龟、蛀犀金龟和其他昆虫的幼虫状况要差一些。因为那些幼虫都有一层厚厚的脂肪，可以起到一定的保护作用，但革黑步甲幼虫却并没有这样的保护层，它们非常瘦小。被蝎子刺中的革黑步甲幼虫受伤并不严重，在之后的两周里，它就自己钻进土里挖掘出了一个小房间。不久之后，幼虫开始蜕变，从土里爬出来时已经是一只精力充沛的成年革黑步甲，由此可以说明，昆虫具有免疫力的关键并不在于体型的胖瘦。

昆虫的免疫力是否会影响其在昆虫界的地位呢？我们可以拿豹蠹蛾来做一下实验。豹蠹蛾十分喜欢吃各种各样的乔木和灌木。我找来一只豹蠹蛾，准备为它接生，将它的产卵管插在丁香树树皮的缝隙中。我把它与蝎子放在一起，没过多久，蝎子就拿自己的毒针刺中了豹蠹蛾。豹蠹蛾并没有挣扎太久就安静地死去了。如果蝎子刺中的是豹蠹蛾的幼虫，情况又是怎样的呢？我在丁香树的树洞里找出一些豹蠹蛾的幼虫来做实验，结果还是一样，中了蝎毒的幼虫依然非常健康。

我又在周围的蚕养殖基地找来一些蚕做同样的实验，共有 14 条蚕被蝎子的毒针刺中，蚕的皮肤细腻，被蝎子刺中之后鲜血直流，染满了做实验用的桌子。我把受伤的蚕一放回桑叶上，它们就迫切地啃食起来。十几天之后，这些蚕开始结茧，它们结出的茧也很正常。我又把蚕蛾与蝎子拿来做实验，最后实验证明，蚕对蝎毒也有免疫力，而蚕蛾就像大孔雀蛾一样，被蝎子扎了之后死去了。

　　我还抓来一些大戟上的桦天蛾进行实验，与蛾子一样，它们中了蝎毒之后也很快死去，但幼虫并没有死去。桦天蛾的幼虫包裹在蛹壳里，上面有一层网纱，可能由于有些幼虫被刺得很严重，其中有些也差点死去。当然，对于蝎毒，它们的皮肤也起到一部分的抵抗作用。

　　血液是否可以抵抗蝎毒呢？为了证明这个猜想，我找来几只青绿色的大孔雀蛾幼虫来进行实验，在被蝎子刺中流血后，这些幼虫又回到了杏树上继续生活，与之前的那些实验者一样，这些被刺的幼虫并没有不良反应，圆满地度过了自己的生命，并且还结出美丽的茧来。

　　根据以上实验我们可以知道，在昆虫中双翅目类、膜翅目类、鳞翅

蝼蛄算是大块头的昆虫了，在葡萄成熟的季节，蝼蛄的幼虫背部紧贴着一对小小的翅芽，而成虫则长出一对又宽又大的翅膀。

目类以及鞘翅目类等无法承受蝎毒的侵害，它们大部分都非常瘦小，但幼虫十分脆弱，反而不容易受到伤害。下面，我们就来看看那些个头庞大的昆虫遇到蝎子又是怎么样的呢。

说起昆虫界的大个儿，当属各类直翅目昆虫，如长鼻蝗虫、灰蝗虫、白额螽斯、蝼蛄和修女螳螂等。葡萄成熟的时候，我找到一只还没有长出带有网纹后翅和革质前翅的灰蝗虫，同时还找到一些成年的蝼蛄，这些蝼蛄长出了一对宽而大的翅膀，如果它们把自己的翅膀折叠起来，看起来就像一条又细又长的尾巴围在腹部似的。它们的幼虫，就依在那对小小的翅芽上。

这些还没发育完全的幼虫能否抵抗蝎子的毒液呢？如果它们的身体里有着很强的抵抗液，那么就能对蝎子的毒液有一定的抵抗作用，然而事实是，无论成虫还是幼虫、有翅膀还是没翅膀，成熟还是没成熟的昆虫，全都死去了。

实验说明，低等的昆虫免疫力更强，而且它们的抵抗力与其敏感度成反比，敏感性越强，毒液在身体里发作得就越快，敏感性越弱，毒性反而不会太快发作。我们都知道，昆虫在蜕变之后会变得更有活力，敏感度也越强。蜕变之后的昆虫，无论是外表的形态还是内里的体液都会发生改变，所以大部分成年昆虫在实验中都死去了，而幼虫却活了下来。

我们知道，蝗科与其他直翅目昆虫不一样，它们从出生到死亡一直都是一个样子，中途不会发生变化，所以蝗科幼虫具有豁免权。种种实验表明，蝎毒真是一种非比寻常的化学剂，它对幼虫那么温和，对成虫却是十分残忍。

我们还观察到这种情况——即将完全蜕变的昆虫被蝎子刺了一下，有人说，这就像人类接种疫苗一样，蝎子给它也种下了疫苗。这时候的幼虫感染蝎毒之后并没有什么不良反应，还是像往常一样的生活，但昆虫的血液系统与神经系统却在不知不觉中受到了病毒的影响。如果昆虫在幼虫时期就适应了蝎毒，那么成年之后是不是同样具有抵抗毒液的能力呢？这种免疫力是否可以永久存在昆虫体内呢?

　　让我们一起来实验一下吧,我准备了四组昆虫。第一组由 12 只花金龟幼虫组成,第二组同样是 12 只花金龟幼虫,第三组由 4 只大戟上的栎天蛾蛹组成,第四组是蚕蛹。我先用蝎子在十月份的时候刺伤第一组昆虫,到了第二年五月份的时候,再用蝎子将它们刺伤;在五月份的时候刺伤第二组昆虫;第三组幼虫四月时曾被蝎子刺伤过;第四组蚕蛹在没有蜕变之前就曾被蝎子刺得鲜血直流,在蜕变之后又被蝎子刺中。

　　过了两三周,蚕蛾开始发生了反应,它们开始进行交配,尽管在小时候曾中了蝎毒,但此时它们并没有因此而减少交配的热情。但两天之后,这些被蝎子刺中的蚕蛾全部死去,由此说明,不管蚕蛾在幼时是否接种过蝎毒疫苗,在被蝎子刺中后都难逃一死。

　　为了结论的严谨性,我又找来栎天蛾和花金龟做实验。按照常理来看,栎天蛾在幼虫时期就被蝎子扎中过,应该具有抵抗蝎毒的能力,但事实是,在被蝎子毒针扎中之后,栎天蛾立马就死掉了,跟在幼虫时期没有被蝎子扎过的栎天蛾结局一样。

　　花金龟幼虫前后中了两次蝎毒,分别是十月份和第二年的五月份。

去年被蝎子刺过的花金龟,在今年的七月末破壳而出,它是否有抵抗蝎毒的能力呢?

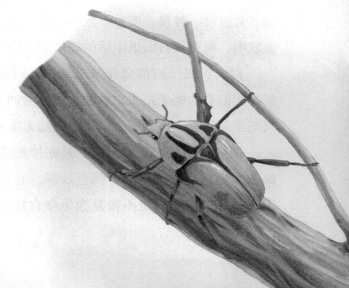

到了七月底,这些幼虫破蛹而出,长成了成虫,离它们第一次被蝎子刺中已经过去了 10 个月左右,离第二次中毒也过去了 3 个月,现在这些昆虫的免疫力如何呢?结果是,第一组受过两次蝎毒的花金龟,在成年之后中了蝎毒很快就全部死去,第二组在 5 月份被蝎子扎过的花金龟中毒之后也迅速死去了。

我们再来试一试别的方法——输血,相当于给其注射血清。花金龟幼虫不怕蝎子的毒液,那它们的血液肯定有清除毒素的功能,如果我们将幼虫的血液注射进成年昆虫的体内,那成年昆虫是否就能跟幼虫一样,具有抵抗蝎子毒液的能力呢?

我非常顺利地给花金龟做了手术,给它们体内注射进了一些幼虫的血液,它们看起来依然很健康。但这种方法究竟能不能起到作用呢?实验结果表明,完全没有用。所以调配化学试剂这样的方法,效果并不理想。关于生物免疫力的奥秘,人们还需要进行进一步的探索。

凄美的婚姻家庭

大家一定想了解一下朗格多克蝎子的婚姻吧,现在,就让我们一起去看看它们的生活。朗格多克蝎子从恋爱、结婚到共同生活,一路走来都非常浪漫、神秘。四月,大地回暖,大雁从南方飞回北方,布谷鸟愉快地歌唱,而在荒石园里生活的朗格多克蝎子又在干什么呢?

白天,蝎子们都窝在家里忙碌,到了傍晚,它们才兴致盎然地出门朝拜,但有的蝎子出去之后便再也不会回来。一些蝎子同居在一起,但一只蝎子总是会吃掉另一只蝎子,听起来太可怕了,它们为什么会这样呢?

通过长期观察我们发现,被吃掉的蝎子都是中等大小的雄性,雌性蝎子大多身材肥胖高大,颜色较深。它们之间相互啃食厮杀,看起来并不像是邻里打架,也不像是为争夺食物而战,更不可能是因为彼此独居

生活在荒石园中的朗格多克雌蝎子一般都膀
大腰圆，比起雄蝎子颜色要深得多。

而产生了矛盾，那究竟是什么原因呢？实际上，这不过是一场凄美的结婚
仪式，在蝎子们完成交配之后，身材高大的雌蝎子就会吃掉比自己身材矮
小的丈夫。

为了方便观察，第二天年春天的时候，我做了一个大大的玻璃屋供
蝎子们居住，玻璃屋里一共住了 25 只蝎子，每只一个单独的房间。到了
四月中旬，每天夜里玻璃屋里都热闹非凡，白天却十分冷清安静。

到了夜晚，玻璃墙周围照射到一丝丝光亮，夜行的蝎子们很快就分
成了一个个的小群体，受到光亮的吸引，它们从暗处走到柔和的灯光下，
欢呼雀跃，沉浸在欢乐中。蝎子们都喜欢有光亮的地方，它们都朝那走去，
彼此追逐打闹着，有些蝎子暂时隐藏在黑暗中，但不久又会充满激情地来
到聚光灯下。

场面一片混乱，有的蝎子因欢呼而发出可怕的声音来，其他地方的

蝎子听到这种声响也急忙赶来，表情严肃。刚从黑暗中赶来的蝎子会突然愉快地跳跃起来，一个滑步到场中跟其他灯光下的蝎子汇合，动作敏捷得如同碎步小跑的老鼠。它们都希望在这里找到伴侣，可心上人刚用指头碰到彼此，就触电般地逃跑了，好像双方都遭电击了一样。

其他已经找到伴侣的情侣以为发生了什么大事，也立马分开逃跑了，它们在黑暗中思考了一会，这才又出来了。在混乱中，它们不经意地踩到了其他蝎子，有些螯肢还纠缠在了一起，上翘的尾巴互相摩擦着，也不知道这是在示爱呢，还是发出警告。在微弱的灯光下，我们可以看到混乱的场面中有一对对的光点在闪耀，就像深红色的宝石一样。那闪耀的光点就是它们的眼睛，两只位于额头前方，像两面反光镜似的。

没过多久，玻璃屋里所有的蝎子都兴奋起来，纷纷加入这场群架中，大大小小、深深浅浅的蝎子都开始躁动起来，开始了一场生死大战，仿佛是一场惨烈的大屠杀，但又似乎只是蝎子们的日常游戏一样。又过了一会

这两只蝎子用上半身支撑着，而下半身竖起，它们不是要进行战斗，而是在互相表达爱意。

儿，蝎子们开始朝四周散去，回到自己的角落中去了，所幸没有伤亡事故。不久之后，那些逃跑的蝎子又重新聚集在灯光附近，来来回回地到处乱跑，混乱中还撞到了别人，有些甚至踩到了别人的身上，被踩的蝎子摇一摇尾巴，也没有动怒，彼此间似乎还用尾巴打了声招呼，似乎在说："抱歉，朋友。"

蝎子之间搏斗有些动作非常奇怪，它们额头对立着，螯肢互相顶着对方，像棵树一样笔挺挺地站着。它们的上半身彼此招架，下半身竖立着，胸前挂着 8 个白色的小袋子，那是它们呼吸的部位。它们上翘的尾巴时而温柔的相连，时而分开，就这样一直重复着。温柔的金字塔突然崩塌，两只蝎子飞快地分开并逃跑了，一点礼貌都没有。

这姿势是在搏斗吗？完全不像啊，而且它们彼此也并没有恶意。经过长期的观察我才得知，它们并非在搏斗，而是在调情，那只倒立得像棵树一样的蝎子，是在向自己的心上人表达爱慕之情。

有一次我见到了一幅异常感人的画面，有两只蝎子深情地凝望着彼此，它们伸出自己的螯肢，紧紧地握在一起。这两只蝎子身材一胖一瘦，颜色也是一深一浅，很明显它们是异性。两只蝎子都将自己的尾巴盘起来，形成一个美丽的螺旋状，迈着相同在步子在玻璃墙边走来走去，悠闲地散着步。雄性蝎子走在前面，转身过来退着前进，步伐稳定而顺畅，雌蝎子跟在雄蝎子后面，双眼含情，它们牵着彼此的手，依依不舍。

它们走走停停，一会儿向东，一会儿向西，仿佛希望这条路走不到尽头一般。两只蝎子不停地改变方向乱走着，但无论往哪个方向，都由雄蝎子来带头。偶尔，雄蝎子还会用尾巴扫一扫雌蝎子的背，好似温柔的抚摸。它们那悠闲自得的模样，哪怕是其他动物见了，也会心生荡漾吧。

一个小时候后，它们才结束了漫步。它们彼此分开，雄蝎子爬到一片瓦片上，似乎在寻找一处隐秘之地，它用脚刨了刨地面，尾巴将地上的土扫干净，不一会，就挖好了一个洞穴。它把雌蝎子带进洞穴里，我突然就看不见里面的任何情况了，它们一回到家就关闭了洞口。

　　它们肯定整晚都沉浸在甜蜜之中吧，次日清晨，当我打开石块的时候，却只看到雌蝎子，它躺在瓦片下，悠然自在。而那个深爱着它的雄蝎子，昨日还牵着它的手散步，今日便已被它杀死了。它的尸体就在雌蝎子的旁边，雌蝎子吃掉了它的头，仅留下一只螯肢和两条腿了。夜幕降临，这只雌蝎子爬出洞穴，把丈夫的尸体搬到远处，然后将它吃得干干净净，一对昔日的爱人就这样分散了。

　　我继续观察蝎子们的生活，晚上打开电灯，玻璃屋被照得灯火通明，蝎子们并没有因此感到害怕，有一对情侣兴高采烈地待在一块。在灯光的照耀下，它们也结合成了直立的树形样子，它们抓紧时间行动，用尾巴怕打着对方，看起来非常优雅，接着，它们也开始漫步起来。

　　除此之外，我看到另外一对非常粗暴的情侣，雄蝎子用螯肢使劲夹着雌蝎子，紧紧抓着雌蝎子的腿和尾巴，雌蝎子哪里肯屈服，但雄蝎子更加冲动暴躁，它会非常粗暴地把爱人推到在地上，执拗的雄蝎子大概还不知道自己悲惨的命运吧，或许悲剧就是从这里开始的。新婚之夜，丈夫就

一对蝎子高兴地聚在一起，用尾巴互相拍打着对方。
进行完这些，它们还要继续散步。

被妻子杀死并吃掉了，这是蝎子家族里由来已久的习俗。

在观察中我发现，在牵手的蝎子中，很少有身材肥胖的雌蝎子，雄蝎子都喜欢和年轻瘦弱的雌蝎子一起牵手散步。有时候这些雄蝎子也会遇到一些老雌蝎子，但它们只是逢场作戏般地对其摇摇尾巴，挑逗一下就算了，年老的雌蝎子很难得到雄蝎子的爱恋。

我们把视线转到刚刚在灯光下的两只蝎子，此刻它们在瓦片下坐着，彼此看着对方，双手相牵，像要出来散步的样子。这时候，我看到另外一边也有一对蝎子看来也结合在一起了，并且它们也即将一起共度蜜月，真是情真意切，缠绵得很啊！

两只蝎子沉醉在只有彼此的小世界里，迈着脚步，怡然自得地漫步着。它们路过一只蝎子的家，想进去玩耍一番，但房屋的主人就站在家门口，举着拳头朝向它们，似乎在说："这是我家，你们走开。"两只蝎子并没有与其争执，默默走远了，一路上它们路过很多户蝎子家，想进去却都被主人拒绝了，有些甚至还差点打了它们。

还是没有找到合适的住所，这可如何是好？走投无路之下，它们来到了昨晚那对情侣刚在瓦片下挖掘出的洞穴，4只蝎子住在一起，没办法，先勉强住下吧，只要它们彼此互不打扰。它们就这样坐了一整天，彼此相对而视。到了傍晚，同居一室的两对情侣彼此分开，雄蝎子从洞穴里爬出来，像是要去找寻黄昏的乐趣似的，雌蝎子却没有出来，它们依然待在瓦片下面。

一番娱乐之后，蝎子们三五成群都居住在一起，哪管是雌性还是雄性，身材高矮胖瘦，反正它们只会从今晚到明天白天待在一起，只不过是临时住在一起而已。到了次日夜晚，它们可以根据心情，爱在哪儿睡就在哪儿睡，也就是说，哪儿都可以当成自己的家。蝎子们只有在冬天，才会给自己建造一个真正意义上的家。蝎子们彼此相处和睦，即便是很多蝎子挤在同一个房间里，也不会发生争执。

通过观察我还发现，雌性蝎子在即将生育孩子的时候行为特别反常。

蝎子对于那些还没有发育太成熟的小蝎子十分凶
残，如果在路上遇到，它们会把这些小家伙当做美
味吃掉，即使是自己的孩子，也不例外。

如果是刚出生的婴儿，它们会非常温柔并体贴地去照顾，但如果面对的是
已经发育但并未成熟的蝎子，这些准妈妈们则特别冷酷凶残。它们简直就
如恶魔一般，假使遇到这个年龄段的蝎子，哪怕是自己的亲生孩子，对它
而言，也只是一块新鲜美味的肉而已。那些老蝎子为什么要吃掉自己的孩
子呢？那是因为它年轻而美丽。在蝎子家族里，年轻美丽就该被吃掉。

蝎子之间是否也会争风吃醋呢？如果一只雌蝎子同时被两只雄蝎子
喜欢上了，那该怎么办呢？这时候，就要看两只雄蝎子谁更厉害了，谁的
力气更大，更有本事，谁就能获得雌蝎子的芳心。它们分别站在雌蝎子的
两边，向雌蝎子表达爱慕之情，紧紧拉着心爱的姑娘，用力将雌蝎子拉向
自己身边。有时候雌蝎子被两只雄蝎子拉得身子直摇晃，仿佛要被撕成两
半似的，看起来非常危险。在其他方面，雄蝎子之间很少发生冲突，甚至
连彼此轻轻触碰的情况都很少，可此刻，它们为了自己的心上人，都不得

不动粗了。

为了继续研究蝎子，我没有离开喂养的这些小家伙们。六月份的时候，时间正好，有一天我将硬质纸盖打开，竟然看到一些雌蝎子背上多了许多小黑蝎子，看起来像穿了一件斗篷似的，这肯定是雌蝎子在昨晚刚刚生产下来的孩子。

第二天，我看到又有一群小蝎子出现在了另一只雌蝎子背上，第三天、第四天，每天都有这种情况发生，4只雌蝎子背上都出现了白花花的一大片，4个蝎子家庭愉快地享受着生命中的安宁与和谐。

朗格多克蝎子有没有生育呢？我打开三片瓦片，竟然看到很多老蝎子的背上都背负着一窝窝的小蝎子，而且其中有些蝎子已经出生几个星期了。

经过观察我发现，蝎子的生育过程与我们人类的是非常相像的。那些小蝎子的胎膜已经被撕掉，它们干净整洁，没有任何束缚。雌蝎子在生育后把自己的螯肢平放在地上，这样小蝎子就能很方便地爬到母亲的背上去。它们就这样顺着螯肢慢悠悠地往上爬，到后来雌蝎子的背上到处都是孩子，好像披上了一件美丽的披风。小蝎子们用爪子紧紧抓着母亲的背，一动不动地趴在上面。

此时的雌蝎子尾巴高高翘起，看上去洋洋得意。它那白色的披风非常吸引人的眼球，那可是它的骄傲。如果这时候你去招惹它，它会高举自己的拳头威胁你，但并不会立刻冲过来攻击你，因为那样的话，它的孩子们会很危险。

生完孩子之后，雌蝎子就不再出门了，晚上常常会出现很多猎物，但它们也不会去捕捉了，整天就待在家里专心致志地照看自己的孩子。在蝎子妈妈背上踏实地住上一周以后，小蝎子们才能成功蜕变。蜕变成功后，这些小蝎子就像刚刚解放出来一样，尽情地玩耍打闹，在雌蝎子身边欢乐地奔跑着。蜕变之后，小蝎子们发育得特别快。

你看，此时这些小蝎子的肤色已经有了改变，它的肚子和尾巴慢慢

小蝎子很畏惧自己的母亲，当母亲在啃食一只蝗
虫的头时，它悄悄地躲在了身后。

变成了金黄色，螯肢晶莹剔透，就像琥珀一样发出隐隐的光亮来。年轻多
么美妙啊，这些小朗格多克蝎子是多么可爱啊！不久之后，它们就偷偷从
母亲身旁溜走，想去找寻自己的自由，但它们并不会跑太远，因为老蝎子
把它们看管得非常严格。

　　小蝎子们很怕自己的母亲，蝎子妈妈抓到一只蝗虫，津津有味地吃
着它的脑袋，这时候，一只小蝎子就悄悄跑到蝗虫的尾巴根上，撅着屁股
使劲咬蝗虫的尾巴，想吃一点蝗虫肉，可它根本咬不动，反倒被母亲一脚
踹开了。

　　时间渐渐过去，小蝎子渐渐长成大蝎子，蝎子妈妈不再把它们当成
掌上明珠，反而有可能吃了它们，所以小蝎子们不得不独自出门，给自己
建造一个新的家。

拥有囊袋的
蜡衣虫

昆虫档案

昆虫名：蜡衣虫

英文名：Waxworm

身世背景：一种介壳虫，属于蚧科昆虫，寿命极短，皮下能渗漏出蜂蜡，因此而得名

体型特征：身体呈乳白色，全身都有漂亮的细纹；胸部的护甲上有一对美丽的花纹，还有6个明显的小孔

生活习惯：习惯待在野外的大戟上，不易被人发现；分泌蜡主要靠白蜡虫幼虫，一龄雌幼虫完全不泌蜡，二龄雌幼虫能分泌微量蜡粉

绝　技：高超的漂白技术

能分泌蜂蜡的蜡衣虫

小昆虫们长大后，急切地想去外面的世界看一看，于是，它们脱下外套，离开了关闭自己的屋子。

克罗多蛛在自己的房间里住了很久很久，由于身体渐渐长大，它感到空间越来越狭小，简直压迫得自己无法透气，所以它从房间里蹦了出来，外面的世界真大啊，跟母亲给的小屋子比起来，简直太舒服了。克罗多蛛离开了自己的小屋子，房间里又脏又乱，可又有什么关系呢，反正蛛妈妈第二次生育也不可能在这里，将来要是还要产卵的话，它也会重新建立一座更美丽的房屋。

小克罗多蜘蛛还没到婚配的年龄，它们对生活没有什么要求，而且自身的抵抗力非常强，不惧怕严寒酷暑的威胁，所以不管是在破败的角落里，还是繁华的街头，只要给它们提供一个帐篷遮蔽风雨，它们就很满足了。

克罗多蛛在炎热即将退去时不停地忙碌着，它们要为未来的孩子们准备舒适的房子。

拥有囊袋的蜡衣虫

　　天气快要变凉了，克罗多蜘蛛妈妈忙着扩建并且加厚自己的房子，把仓库里储存的丝都拿出来用了吧，留着也没用，只要让孩子们住得舒服，自己再苦再累也值得。霜降的时候，克罗多蛛看着自己亲手建造的房屋，不由自主地感慨，比起那些陈旧的吊床，这城堡简直辉煌和舒适得多了。

　　看着眼前美丽的城堡，克罗多蜘蛛别提有多高兴了，那样子简直比抓到一只肥大的猎物还高兴。燕雀和金丝雀也是建筑大师，但它们所建造出的住所，完全比不上克罗多蜘蛛的杰作。克罗多蜘蛛建造房屋并非用来产卵，它要在此地小心照看自己的孩子长达 8 个月。

　　更伟大的是迷宫漏斗蛛妈妈，它们建造房屋是用泥土和丝混合而成，这样姬蜂都无法刺穿墙壁，孩子们得到了严格的保护。

　　在保护自己孩子方面，每个母亲都会有一些有相应的措施，这体现了它们非凡的智慧。有些昆虫在建筑方面并没有什么造诣，住所非常简陋，但在很多技能方面，却比一些高等动物更厉害。只要细心观察就会发现，平时我们很少关注的一些微小的昆虫，也具有惊人的智慧。

　　其实人类也是一样，大隐隐于市，真正有才学的人都是那些默不作声努力工作的人。梅花香自苦寒来，只有经受过种种磨难历练，才能将我们的智慧完全开发出来。和动物一样，人类的需求与欲望是我们发明创造的原动力，是开发我们智力的源泉。我曾经看到过一种为了顺利生下孩子将自己身体拉长的昆虫，它把自己的身子拉到原来的两倍长，分成两部分，各司所职，一直到孩子顺利长大。

　　如果细心观察，在大戟上就能看到很多这种昆虫，它就是蜡衣虫。大戟生长需要的气候与橄榄树的差不多，哪怕土壤再贫瘠，大戟也能生长得很茂盛。它在乱石缝里扎根，阳光照射到石块上后又反射到它身上，给了它光照；到了冬天，腐烂的树叶落下，成了它的外套，帮它抵御寒冷，机智的大戟不管在什么环境中，都能顽强地活下来。相比之下，杏树就显得十分愚笨，它的花冠在风中冷得直发抖，不过它可以静静观察天气的变化情况。为了让自己娇嫩的花冠不受到伤害，它甚至将自己弯曲成了曲棍形状。

严寒的冬天过去了，大戟浑身充满了汁液，花径里储存了大量的乳液，身上依次开满伞状深色的花朵，非常漂亮。刚出生的苍蝇跑来吮吸它甘甜的乳液，吃得津津有味，不停地欢呼雀跃。

春回大地，万物复苏，那些在大戟旁的枯叶里沉睡的居民也渐渐苏醒，慢悠悠地从枯叶里探出头来，这就是蜡衣虫。它们在枯叶堆里度过了整个冬季，此刻终于出来了，骄傲而愉快地吮吸着丰富的甘露，盼望着生机磅礴的春天快来到。

到了四五月份的时候，蜡衣虫悄悄离开了枯叶，几乎所有昆虫都具有攀高的本能，它们一路向上爬到树干上。蜡衣虫的嘴很纤细，它把嘴刺进树干里吮吸着树汁，虽然蜡衣虫是蚜科昆虫，但它们与蚜虫长得一点都不像。平常我们看到的蚜虫无不是肥胖且全身光溜溜的，蜡衣虫却举止优雅，衣着得体。大家有没有注意到，那些长在笃蓐香上的橘黄色的蚜虫，有着细长的尾巴，一般在角角瘿或杏子般的圆瘿里包裹着，轻轻一碰，它

冬天过后，天气逐渐变暖，从枯叶堆里熬了一个冬天的蜡衣虫欣喜地钻了出来。

们就化成了粉末。蜡衣虫就不同，它们身穿的外套长至膝盖，看起来非常美丽，又不失端庄，但它们也同样很脆弱，用细针轻轻一扎，它们的外壳就会碎成几块。

光看外表，蜡衣虫算不上十分美丽，但它的服装却给它增分不少。它的衣服是不透明的白色，看起来非常柔软。蜡衣虫身上的护胸甲有许多个洞，所以并不影响它的嘴和触角自由活动，它的身体隐藏在白色的广口袖长衣里，给它披上了一层神秘的朦胧感。

蜡衣虫在美丽的冬装里裹得十分严实，但这不会影响到它的生育。它外套的后摆突然变长了，仿佛一下子长了两倍，但实际上它并没长长，仔细观察就会发现，那突然长出来的部分，是原本身上宽广的凹槽展开而来的，下面的细纹非常平滑。它的尾巴也不平整，仿佛被砍掉了一段似的。用放大镜仔细观察就会发现，它们的尾部有一个被棉花堵住的切口。

要小心，千万不能碰到它们的衣服，它太脆弱了，一不小心就会破碎、熔化或者被烧死，它们死去之后，只会在纸上留下一个淡淡的痕迹。蜡衣虫就像蜂蜡一样，假如把它泡在热水里，便会融化掉，之后将其冷却的话，它们就会变成黄色的琥珀，非常漂亮。

蜡衣虫从黄色变到白色不需要别的过程，一次性就完成了。它们身上的蜡都是自己生产出来的，从皮下渗透而出。蜡衣虫不需要借助别的力量，仅凭借自己身上繁多的细纹和漂亮的凹槽就能形成蜡。

孵化蜡衣虫宝宝

小蜡衣虫刚从母亲的肚子里钻出来，它的身体呈棕色，全身光溜溜的。没有了母亲的保护，它们要自己去生存。它们努力往大戟树上爬，想要喝到人生中的第一口树汁。这时候它们身体的颜色开始发生改变，许多白色的斑点显现出来，身子的上衣也有了轮廓，白色斑点越来越多，最后形成

了灯芯的形状。

快离开母亲的时候，它们完全换了装，宛如成年的蜡衣虫。它们的皮肤渐渐渗透出一些蜡来，白色的外套也越来越大，如果脱掉它们的外套，不久之后它们又会偷偷穿上。是什么缘故，要让蜡衣虫将自己的衣服拉到原本的两倍长呢？

如果我们将蜡衣虫的装饰物剖开，就会看到它的里面是向下凹陷的，而且有很多又白又清、美丽无比的棉花。柔软的羽绒被上散落着许多像珍珠一样的颗粒，五颜六色的，有白色的、黄色的和棕色的，这些珍珠就是它的卵。卵里包裹着很多小幼虫，它们不安分地蠕动着。由于蜡衣不一样，所以蜡衣虫的形态也不一样。

有一天，我突然看到一个幼虫从羽绒被里钻了出来，它穿着漂亮的外套，调皮地跑到母亲身边。小蜡衣虫把嘴喙伸进大戟树皮里，贪婪地吮吸着树汁，一副要将它吸干的样子。接下来的几个月里，不断从羽绒被里钻出一些小蜡衣虫来。

蜡衣虫幼虫将喙插入树干，来吸取汁液，满足自身的需求。

第七章
拥有囊袋的蜡衣虫

大家可能会认为蜡衣虫是胎生动物，因为它们无论在什么地方，都可以生出穿着衣服的小生命来，但其实不然，那些装满棉花的小袋子里，就是它们的卵和刚孵出来的幼虫。我们一起来看看蜡衣虫是怎么产卵和孵化的吧。我把几只蜡衣虫的尾袋去掉，将它们放在玻璃管里，还在里面放入了一根大戟树的树枝，这时候我们来看看它们的尾巴，它们的尾部已经完全裸露在外面，再也没有任何秘密可藏了。它们的屁股后面溢出一些蜡，像一条细细的丝一般，过了一会，就会看到那柔软的细丝下产了一个卵出来。

蜡衣虫的产卵时间大概要持续 5 个月之久，在这期间，每只雌蜡衣虫能产卵 200 个左右。蜡衣虫母亲要花三四个星期来孵化它的卵。刚孵化的小蜡衣虫身子呈棕色，全身光秃秃的，就像小蜘蛛一样，非常讨人喜欢。它们伸着自己两条长长的腿，不久之后，背上就出现了 4 条灯芯状的白色斑点，那是它们外套的轮廓。

蜡衣虫孵化得特别快，它身上原本的带子就相当于一个仓库，卵产下来要在仓库里待好几个月，所以袋子里的卵颜色各异、形态不一。在袋子里孵化出来的小蜡衣虫开始茁壮成长，冬天到来的时候，它们换上了严实的蜡衣。刚出生时，小蜡衣虫会在母亲的带领下，穿梭于大戟树的各个枝丫间，渐渐长大之后，它们就会离母亲而去，各自到周围的环境里开始新的生活。当然，家的大门永远向它们打开着，只要它们愿意，将家门口的棉絮刨开一点，就能轻松地进去。

蜡衣虫有时还将自己的衣服裁剪成燕尾服，那些从尾部渗透出来的丝也被它们改成了柔软的坐垫。在育儿方式上，蜡衣虫比袋鼠还高明，所以，容我把它们的袋子称作"囊袋"吧。

为了进一步观察，我在窗前放了一个透明的瓶子，里面装了许多的大戟树枝。三月份的时候，许许多多的蜡衣虫住进了大戟树枝上，它们身上都有着或大或小的囊袋。瓶子里的蜡衣虫越来越多，它们的囊袋里填满了自己产的卵，这些卵不久就孵化成了小蜡衣虫。小蜡衣虫也一天天长大，它们在等待时机逃脱束缚它们的囊袋。大戟上满是蜡衣虫的幼虫，密密麻

麻一片，就像是大戟盖上了一个白色的帐篷，可想而知，这里繁殖出了多少蜡衣虫啊！虽然每只蜡衣虫都不一样，但幼虫和成虫还是大致能够区分出来。因为蜡衣虫母亲一直不停地生育宝宝，所以小蜡衣虫在年龄和体质上都存在着差异。小蜡衣虫穿着一样的衣服，长得也差不多，一眼看去还真的很相像。所以，我根据它们的不同特点，将它们划分成了两组，其实一组只有几只，另一组则数量庞大。

到了八月份的时候，蜡衣虫之间的差别越来越大了。有些蜡衣虫已经爬到了树尖上，而还有些蜡衣虫还在地下吮吸着汁液，是谁率先爬上了树尖呢？观察发现，那些爬上树尖的都是雄蜡衣虫，它们身手十分敏捷。又过了一个月，终于有一批小蜡衣虫成型了。

这些蜡衣虫真特别啊，它们的腿脚和触角都很长，就像臭虫一样。蜡衣虫有一对铅灰色的翅膀，顶角圆圆的，身上还有着许多粉色的蜡点。在蜡衣虫休息的时候，它就把翅膀小心地聚拢，盖在肚子上。它的背部有着挺直的纤毛装饰，那是它的外衣，是由自己身体里渗透出来的蜡制成的。

小蜡衣虫非常可爱，它兴奋的时候就会挺起自己的小肚子，把自己挺直的纤毛展开来，就像一朵蔷薇花似的，非常漂亮。蜡衣虫还特别张扬，为了让婚礼更加华美，它那经过特别修饰的尾巴，一会闭合一会展开，宛如孔雀开屏一样，在太阳光的照射下光辉闪闪。兴奋得又唱又跳之后，它渐渐安静下来，把尾巴重新缩回翅膀下面。

蜡衣虫的头非常小，但它们的触角却非常长。蜡衣虫的肚子上还隐藏着一把钩子一样的利刀，那应该是用来跟异性交配时用的。这个小家伙在做什么呢？原来呀，它正在勾引雌蜡衣虫，跟别的昆虫一样，蜡衣虫在结婚之后也会死去。

观察中我发现，刚从囊袋里钻出来的小蜡衣虫全身脏兮兮的，但它们非常聪明，涂些渗透的蜡在身上，把灰尘弹去，全身就变干净了。它们轻轻展开自己的翅膀飞翔，最后停在了禁闭的玻璃上，玻璃瓶里的小蜡衣虫在阳光照射下神采奕奕，如果它们回到自然环境中，享受裸露的阳光又

身带囊袋的雌蜡衣虫生活在大戟树上，
它们肩负着繁衍后代的重任。

会怎样呢？它们肯定会为自己美丽的衣服而争相斗艳吧，还会热情积极地去追求喜欢的异性。在玻璃瓶里它们的交配条件非常好，里面雌多雄少，只有少数雌性有交配的机会，大约占全部的1%。虽然如此，但里面所有的雌蜡衣虫都有责任繁衍后代，这并不影响它们家族的繁衍，只要还有部分雌蜡衣虫在生育，它们就不会灭绝。蜡衣虫之间表达爱意的方式非常传统，不需要太多的夫妻，只要有几对能把消耗的能量及时补充完整就可以了。

大戟树上的蜡衣虫母亲越来越少，它们空空的囊袋掉在地上，被蚂蚁当成了美食。在圣诞节之前，大戟树上只有少数的几只小蜡衣虫子在忙碌地生活着，到了次年的春天，它们身上终于出现了生育幼虫的囊袋。

严寒的冬天就要到了，一群群蜡衣虫都钻进了大戟树下那些腐烂的枯叶堆里，它们会在枯叶堆里孕育自己的孩子，到了第二年的三月份，大地回春的时候，它们才会爬出枯叶堆，接着新的轮回又开始了。

第八章
黑盒子里的生命
——圣栎胭脂虫

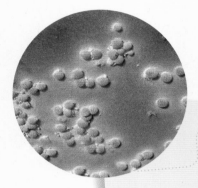

昆虫档案

昆虫名：圣栎胭脂虫

英语名：Cochineal

身世背景：一种介壳虫，原产于美洲，中国西南地区也有分布，现在发展为了人工养殖

体态特征：身体呈黑色，形状如豌豆般大小，虫体不小心被挤碎后，鲜红的颜色清晰可见，极容易被人误当成果子吃掉

生活习性：喜欢寄住在多刺的仙人掌上，习惯群居；体内含胭脂红酸，可以制成胭脂红色素，被广泛地用于食品、化妆品、药品等

慷慨的生命

世界上有各种各样的动物，它们各自有着不同的技能。我们不仅要探讨它们中雌性所建造的府邸，还要了解它们丰富的育儿经验。

在前面我们已经知道，狼蛛的卵袋待在自己的纺锤器上面，不时会撞到自己的脚后跟，它们生育孩子大概要半年的时间，一下子就能生出大量的孩子，还背着它们到处闲逛。蝎子母亲也会把自己的孩子背在背上，

圣栎胭脂虫原产于美洲，喜欢寄生在多刺的仙人掌上，而且喜欢群居。

大约两个星期之后，小蝎子们储存了足够的精力，蝎子母亲才让它们下来独自生活。小蜡衣虫住在漂亮的囊袋里，那是蜡衣虫母亲用自己分泌出的蜡制作而成，这样小蜡衣虫就能在里面慢慢孵化并长大，做好离家远去的准备，蜡衣虫母亲的囊袋上有个洞，当小蜡衣虫能够自力更生的时候，它们才会从洞里钻出来，离开母亲的保护袋。

圣栋胭脂虫是一种非常不起眼的小虫子，或许大家并不太了解这种虫子，但它也有伟大的一面。圣栋胭脂虫也会给自己的宝宝建造一座城堡，它们的城堡可是用胭脂虫母亲的皮肤做成的，母亲的皮肤像乌木一般坚硬，坚不可摧。大家或许在想，这是一种什么虫呀？以前完全没听过呢。现在，就让我们一起来了解一下这种伟大的虫子吧。

大家如果仔细去看圣栋树，会在上面看到一种非常奇怪的小虫子，形如豌豆，全身黑得发亮，这就是胭脂虫。有人或许会说："这真的是一种昆虫吗？它看起来就像浆果或者黑色的醋栗。"如果我们把它放在嘴里

胭脂虫形状像豌豆，而且黑得发亮，很容易被人误认为是黑色的浆果。

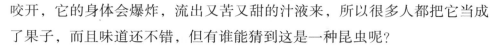

咬开，它的身体会爆炸，流出又苦又甜的汁液来，所以很多人都把它当成了果子，而且味道还不错，但有谁能猜到这是一种昆虫呢？

胭脂虫看上去就像一颗用煤玉做成的珍珠，长相普通，表面却光滑得像象牙。有朋友会问："它能轻轻动一下吗？"我的回答是，几乎不会动，它在那里一动不动，宛如一颗鹅卵石。

我们细细查看胭脂虫在树干上的连接处，就能看到属于昆虫的特殊结构特征。要想把这小家伙从树上拿下来也特别容易，就像摘一颗果子似的。它压在树上的底部是扁平型的，上面还有些像乳香一样黏黏的粉状物，将这些粉末放在酒精里浸泡，只用一天就会溶解。

如果用放大镜仔细观察，就能看到胭脂虫的脚和跗节，它的底部粗糙而光秃。这种小虫子仿佛生来就是粘在树上的，但它也会进食，也会长胖，身体还会流出一些汁液，真是太不可思议了。

胭脂虫粘在树上的地方，有一条凹形的纹路，小家伙的大半个身子都在里面，凹形纹路的最下面有一条扣眼似的缝，胭脂虫就是通过这唯一的缝与外界进行联系的。千万不要小瞧这条缝隙，它的作用非常大，糖浆就是从这里出来的。假如我们摘下一些胭脂虫，把它们放在水里进行保鲜，过不了多久，你就能看到那条裂缝里渗透出一些不透明的黏液来。

再过两天去看，就会发现那些渗透出来的黏液凝成了一颗小小的液滴，跟它的肚子差不多大，当小液滴越来越重，它就会自动掉下来，但不会留在胭脂虫的身上，而是往它身后流去，那里有一个孔专门用来排水。不久又形成了一颗小液滴往下流，源源不断的液滴形成并滴下来，拿来尝一口，味道像蜜一样甜，如果大量养殖的话，可以办个生产糖的工厂了。

同样能分泌出糖浆的蚜虫就显得特别抠门，人们只有不停地挠它的大肚子，它才会勉强从触角里分泌出一点糖浆来。胭脂虫就很大方，只要人们想要，它就会分泌出很多糖浆。也正是因为如此，大大小小的蚂蚁总

蚂蚁们深爱胭脂虫分泌出来的
一种美味酒浆，但这对胭脂虫
的危害不大。

是喜欢围在它的周围，排着队去舔它肚子上的缝隙里流出来的液滴。只要有胭脂虫的地方，就会有蚂蚁，所以我们可以跟着蚂蚁在树上找到胭脂虫的住所。无论是大胭脂虫还是小胭脂虫，都是十分受蚂蚁喜爱的。

瞧，就算蚂蚁不舔它们的糖浆，它们也会源源不断地分泌糖浆呢。我猜测，它们体内一定有一个非常大的储存罐，来储存这些不断分泌的汁液。胭脂虫为什么能分泌出这么多糖浆呢？难道仅仅是为了给蚂蚁食用吗？蚜虫为了补偿蚂蚁的辛勤劳作，就会把自己的乳汁给它们吃。关于这个疑问，我们在以后的内容中再接着讨论吧。

 兴旺的大家族

五月份快要结束的时候，我砸开一个小黑球，在它的外壳里发现了大量的卵，里面宛如一个大型的卵盒。整个胭脂虫就相当于一个盒子，里面装满了白色的卵，这些卵脑袋对立着，一团一团地挤在一起，就像长满绒毛的瘦果。一小团卵大约就有 100 多个，这里总共有 1000 多个卵。

　　胭脂虫的后代真是太多了！它们繁衍得非常快，酿造的甜酒深受蚂蚁的喜爱，但蚂蚁并不会影响胭脂虫的生活。在生物界中，也常有一些生物会给其他种族带来毁灭性的打击，我就曾看到一种虫子，它们个头非常小，但几下子就把胭脂虫一团团的卵消灭干净了，这种虫子一般是独自出来搞破坏，偶尔也会三五成群地一起行动。

　　胭脂虫的城堡是封闭性的，而且非常坚硬，这些小虫子是怎么进去的呢？我想一定是那些从身体里渗透出来的糖浆，不小心从那条缝隙里流到了城堡，一个怀孕的虫子闻着香味寻到了缝隙那儿，美滋滋地舔完糖浆后，一个转身将自己的产卵管插进了胭脂虫的缝隙里，敌人就这样不费吹灰之力地占领了胭脂虫的城堡。

　　这些小虫子是小蜂科勤劳的肠道探险家，干起活来非常麻利。刚到六月，壳里就钻出几只幼虫来，看上去比胭脂虫大很多，身子有 2 毫米长。它们在很小的时候可以从胭脂虫那狭小的缝隙中钻进来，但现在却钻不出去了，于是它们开始在里面打洞，用自己尖细而坚硬的大颚凿着周围的墙壁。根据城堡上洞口的数量，就能知道有多少虫子。这些虫子身体呈蓝黑色，带有凹槽的翅膀宛如向下翻的鞘翅斗篷。它们的下颚非常有力，要想凿穿那坚硬的墙壁，简直就跟玩儿似的。它们不断摇晃着自己又长又弯的触角，虽然又矮又胖，但跑起来却非常快，它们擦了擦自己的翅膀，又刷了刷触角，表情颇为得意。

　　六月快要结束的时候，胭脂虫不再分泌甜蜜的糖浆，蚂蚁们也不再围着它身边觅食。胭脂虫的身体里发生了什么呢？外表看来，它并没有什么变化，依然像一颗黑得发亮的小球，只是这球体光滑而坚硬，但壳却很脆弱，就跟花金龟的鞘翅一样，胭脂虫的壳里没有肉，而是一些红白相混的粉末。

　　我找来一个玻璃瓶，将从胭脂虫身上收集起来的粉末放在里面，在放大镜的帮助下，我看到了一幅震撼人心的画面——那些收集起来的粉末

小胭脂虫从卵壳中成功地钻了出来，树干上只留下一些空外壳。蚂蚁也在附近活动着，试着寻找美味的浆液。

竟然在动，它们竟然有生命！而且数量如此之大，难以计数。数不清的小生命聚集在玻璃瓶里，胭脂虫的繁殖能力真叫人惊讶。

到了六月底，大部分昆虫已经孵化出来了，还没孵化的卵呈白色，而那些孵化出来的昆虫，也就是我们看到的那些活动的干粉，呈棕红色或橘黄色。粉末中也有大量的白色，那是虫子在孵化之后留下的空壳。

这些空壳并不像以前还是卵壳时那样排列，而是呈放射状排列。这样看来，胭脂虫并没在体外产卵，而是把卵放在了自己铸就的城堡围墙上，它们一直住在卵巢的屋顶上，并没有挪动住处。最开始那一团团的卵，孵化成了现在一袋袋的小虫子。

这种方法产卵非常隐秘，没有那些复杂的程序，卵在原地就可以孵化。它们的生育过程也很简单，一个个小生命争先恐后地往外钻，最后终于挣脱了外壳，成功钻了出来，然后留下自己的卵壳离开了。有的小胭脂虫会带着自己的卵壳继续走，很久之后才会将它丢掉，实在太可爱了。小卵壳有一定的黏性，所以你在它们生活的环境里随处可见一些白色的旧袋子。如果不仔细观察，我也认为胭脂虫是在体外产卵并孵化的，而实际上恰恰相反，它们的生产与孵化都是在体内进行的。

我们再来仔细看看那个黑得发亮的盒子吧，盒子里面分上下两层，中间用一层胭脂虫尸骨做成的薄膜所隔开。全身上下，只有那层脆弱的皮是属于胭脂虫自己的，盒子内部全部是卵的，上面一层住着幼虫。

邻近出发之日，胭脂虫底部那扣眼似的缝隙总是打开着，所以很容易从下面离开，那住在二楼的小胭脂虫是怎么出去的呢？它们是那么脆弱，根本无法凿开那层隔膜。这时候我才发现，在隔膜的正中间，有着一个圆形的天窗，住在上面的小胭脂虫可以从这个天窗下去，多么周密的设计啊！如果没有这个天窗，那上层的那些小胭脂虫岂不要在里面憋死吗？

我继续观察着玻璃试管里的胭脂虫们，它们似乎忙得不可开交。许多胭脂虫聚在一堆空壳上，触角摇摇晃晃的，一会儿往上爬，一会儿往下爬，好像准备要远行。除此之外，它们还需要一根树枝，以便随时补充营养。六月中旬，无数小虫子爬上了大大小小的圣栎树上，给这里的管理者添了不少麻烦，因为偌大的范围里，胭脂虫实在太渺小了。

几天之后，我去查看一些已经破壳的幼虫，结果却只看到一地破碎的卵壳，树皮上、树叶上都没看到它们的身影，它们会去哪儿呢？是不是已经离开了这个地方？真是太匪夷所思了。所以，我觉得我必须造一片人造林。一场精彩的表演开始了，无数小胭脂虫急冲冲地跑出来，有些屁股上还拖着白色的卵壳，看起来太搞笑了，它们跑到自己的城堡前和圆顶上，休息一会之后，就爬上了不同的树枝。它们跑得非常快，有的一会儿就来到了树尖，然后又顺着树干爬下来，也不知在找什么。这些小胭脂虫异常兴奋，玩得不亦乐乎。

到了第二天，所有小胭脂虫突然都不见了踪影，努力寻找，我才在树干下的一块土壤里发现了它们。所有小胭脂虫都挤在这个柔软而狭窄的地方，一动不动，就像在等待什么似的。实际上，它们只不过想在苔藓上或者树叶下面，找到一块凉爽的栖息地罢了。它们三五成群地待在一块，我不禁想问，它们靠什么维持生命？我并没有看到其中有些小胭脂虫离开，也没有看到它们钻进土里。渐渐地，我发现它们的数量越来越少，到最后

竟然一只都没有了，就像人间蒸发了似的。

直到次年春天我才明白，这些小胭脂虫是到了树底下，它们非并要依赖植物才能存活。到了五月份的时候，黑色的小球体又覆盖了灌木，虽然之前的时间里完全没看到它们的身影。它们在树底下过了一整个冬天，直到气温回升的时候，才又回到了树面上来，所以才有那么多黑亮的小球挂在树上。这里的土地是这么贫瘠，连一棵草都没有，但它们可以生长得这么好，或许，它们不需要依赖任何物质存活。

它们藏在土壤里不是为了寻找食物，而是寻求一处可以抵御寒冷的住所，因为它们清楚，冬季来临之后，原本的住所无法抵御寒冷。四月份的时候，我用放大镜观察那些小胭脂虫，它们还是和去年一样，并且还是不停地忙碌着，奔跑着，好像又在找寻合适的住所。胭脂虫体型太过瘦小，它们可能隐秘在一个很小很小的地方。

第二天我又看到了小胭脂虫蜕皮的过程，真是走运！希望下次胭脂虫从土里钻出来，回到树干的时候我也能看到。这些刚出壳的胭脂虫可真多，起码数以万计，可当它们再次回到树干上的时候，就只剩下一小部分了。

我特别想知道，当这些胭脂虫再次返回到树上时，是一副什么样的

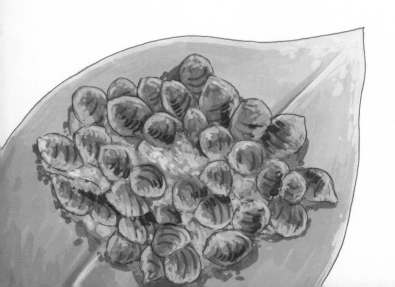

模样呢？经过仔细观察我发现，小胭脂虫也长成了圆形，看起来跟成年的胭脂虫已经没有差别了。我还看到另外几种形状的胭脂虫，但大部分还是我们之前看到的圆形小球状，时间渐渐过去，胭脂虫们的体型也发生了改变。最小的胭脂虫大概连一毫米都没有，它们的腹部环绕着白色的圆圈，底部是蜡黄色的，圆圆的背面要么是浅红棕色的，要么是浅栗色的，看起来就像热带海洋中的虎贝。

小胭脂虫又开始生产糖浆了，透明的液滴凝聚在它的尾巴上，引得各路蚂蚁急匆匆地赶来。几个星期之后，胭脂虫的颜色开始变得乌黑发亮，身体也长到了一颗豌豆般大小，这就是成年之后胭脂虫的模样。

有小部分胭脂虫的腹部是扁平的，就像半收缩起来的蛞蝓。这种胭脂虫喜欢全身贴在树上，原本琥珀色的身上布满了白色的小点点，乍一看，还以为是糖洒在了身上。它的样子，像极了一种叫做"猫舍"

的甜点。这种胭脂虫的尾部不会分泌出糖浆，蚂蚁们自然也就对它们提不起兴趣了。

　　我想这种胭脂虫就是雄性小胭脂虫，它们在成年之后甚至还长出了翅膀。雄胭脂虫的责任就是繁育后代，为其家族的传承而进行交配。通过观察我们可以得出结论：胭脂虫在自己体内产卵，它们的孩子就住在自己变干的卵巢里。它们的卵巢相当于一个盒子，同时也就是它们的城堡，小胭脂虫在没有开始自己的生命旅途之前，它们一直居住在盒子里。总而言之，胭脂虫的身体就是其繁衍后代的盒子。